BESCHREIBUNG

DES

BERGREVIERS COBLENZ I.

BEARBEITET

IM AUFTRAGE DES KÖNIGLICHEN OBERBERGAMTS ZU BONN

VON

WILHELM LIEBERING,
KÖNIGLICHEM BERGRATH ZU COBLENZ.

BONN,
BEI ADOLPH MARCUS.
1883.

Die vorliegende sechste Revierbeschreibung aus dem Oberbergamtsbezirke Bonn unterscheidet sich durch den Hauptgegenstand ihrer Darstellung sehr charakteristisch von den bereits veröffentlichten fünf Revierbeschreibungen. Das Bergrevier Coblenz I (so benannt zum Unterschiede von dem auf der rechten Seite der Mosel gelegenen Bergreviere Coblenz II) hat keinen Bergwerksbetrieb von hervorragender Wichtigkeit aufzuweisen, zeichnet sich aber vor allen übrigen Revieren des Oberbergamtsbezirks durch einen Steinbruchsbetrieb aus, welcher nicht nur in geognostischer und technischer Beziehung eigenartig und höchst interessant ist, sondern auch vermöge seiner Ausdehnung und Leistungsfähigkeit eine grosse wirthschaftliche Bedeutung besitzt und zudem eine besondere rechtliche Stellung insofern einnimmt, als seine hauptsächlichsten Betriebszweige — die Dachschieferbrüche, die Trassbrüche und die unterirdisch betriebenen Mühlsteinbrüche — nach § 214 des Allgemeinen Berggesetzes vom 24. Juni 1865 der polizeilichen Beaufsichtigung der Bergbehörde und den berggesetzlichen Knappschaftseinrichtungen unterworfen sind.

Neben der Dachschiefergewinnung ist diese bedeutende Steinbruchsindustrie vorwiegend auf die Verwerthung derjenigen Gesteine gerichtet, welche als Zeugen früherer vulkanischer Thätigkeit über ein weites Gebiet des Reviers verbreitet sind und schon seit langer Zeit die wissenschaftliche Forschung in hohem Grade beschäftigen. Die Ergebnisse der Letzteren sind mit berücksichtigt und für ein eingehenderes Studium durch die im Abschnitt XI beigefügte chronologische Nachweisung der einschlägigen Literatur leichter zugänglich gemacht.

Die hier beschriebenen wichtigeren Minerallagerstätten des Reviers sind theilweise bereits auf der Sektion Mayen (neue Auflage) der von Dr. H. von Dechen bearbeiteten geologischen Karte der Rheinprovinz und der Provinz Westfalen angegeben und werden im Uebrigen auf den Sektionen Coblenz, Simmern und Berncastel dieser Karte bei erneuerter Auflage ersichtlich gemacht.

I. Begrenzung und politische Eintheilung des Reviers.

Das Bergrevier Coblenz I wird begrenzt: gegen Nordosten durch das linke Rheinufer von dem Punkte, wo die Grenze der Kreise Mayen und Ahrweiler dasselbe trifft, aufwärts bis zum Einflusse der Mosel in den Rhein bei Coblenz; gegen Südosten durch das linke Moselufer von Coblenz aufwärts bis zu dem Punkte, wo die Grenze der Regierungsbezirke Coblenz und Trier dasselbe zwischen Pünderich und Reil durchschneidet; gegen Südwesten durch die Grenze zwischen den Regierungsbezirken Coblenz und Trier von dem vorgenannten Schnittpunkte bis zum Vereinigungspunkte der Kreise Cochem, Wittlich und Daun; gegen Westen von dem letztgenannten Punkte nordwärts durch dieselbe Regierungsbezirksgrenze bis zu dem Punkte, wo diese die Bürgermeistereigrenze zwischen Kelberg und Aremberg trifft; gegen Norden durch die Grenzen der Bürgermeistereien Kelberg, Virneburg und Kempenich einerseits, gegen Aremberg, Adenau und Königsfeld andererseits, sowie durch die Grenze zwischen den Kreisen Mayen und Ahrweiler bis an den Rhein.

Es umfasst demnach das Revier:

I. Den ganzen Kreis Mayen mit den Bürgermeistereien Andernach Land, Andernach Stadt, Burgbrohl, Mayen Land, Mayen Stadt, Münstermaifeld, Polch und St. Johann.

II. Vom Kreise Cochem die Bürgermeistereien Carden, Cochem linkes Moselufer, Eller, Kaisersesch, Lutzerath und Pommern.

III. Vom Kreise Adenau die Bürgermeistereien Kelberg, Kempenich und Virneburg.

IV. Vom Kreise Coblenz die Bürgermeistereien Winningen linkes Moselufer, Coblenz Land linkes Moselufer, und Bassenheim.

V. Vom Kreise Zell die auf dem linken Moselufer gelegenen Theile der Bürgermeistereien Senheim und Zell.

Das Revier ist durch den Rhein von den Revieren Wied und Brühl-Unkel und durch die Mosel von dem Reviere Coblenz II getrennt. In Südwesten grenzt dasselbe an das Revier Trier-St. Wendel und nach Westen, Nordwesten und Norden an das Revier Commern-Gemünd.

II. Topographische Beschreibung.

An seiner nordöstlichen Seite wird das Revier von dem Rheine und nach Südosten von der Mosel eingeschlossen. Der Rhein trifft dasselbe bei Coblenz an der Einmündung der Mosel, nachdem er von Basel bis hierher einen Weg von 423 km zurückgelegt und seine Pegelhöhe von 243,89 m über N. N.[1]) auf 57,84 m verändert hat, so dass der Fall von Basel bis Coblenz 186,05 m beträgt. Von Coblenz bildet der Rhein die Grenze des Reviers bis Brohl auf eine Strecke von 28,60 km, wobei die Pegelhöhe auf 50,21 m sinkt. Der Fall des Rheins beträgt also auf diese Entfernung 7,63 m oder auf 1 km 267 mm[2]). Die mittlere Geschwindigkeit, mit welcher der Rhein an Coblenz vorbeifliesst, beträgt bei einer Höhe von 1,5 m am Coblenzer Pegel 0,8 m in der Sekunde, steigt aber bei höherem Pegelstande bis zu 2 m, und das Wasserquantum, welches in derselben Zeit vorbeifliesst, schwankt bei einem Pegelstande von 1,5 m, von 3,14 m und von 8 m zwischen 756, 1400 und 4637 cbm.

Die Zuflüsse, welche der Rhein auf dieser kurzen Strecke erhält, sind auf der rechten Rheinseite ausser mehreren kleineren Bächen der Saynbach und der Wiedbach; ersterer mündet bei Mühlhofen, letzterer bei Irlich in den Rhein. Von dem linken Ufer fliessen ihm zu die Mosel, dann die Bäche von Bubenheim, Mülheim und Kettig, welche jedoch versiegen, ehe sie den Rhein erreichen und nur unterirdisch mit ihm in Verbindung stehen, endlich die Nette und der Brohlbach.

Die Mosel tritt in der Nähe von Reil bei einer Entfernung von 97,92 km von Trier in das Revier ein und bildet dessen Südgrenze bis zu ihrem Einflusse in den Rhein auf eine Länge von 92,88 km. Während dieses Laufes hat die Mosel ein Gefälle von 35 m oder auf 1 km im Durchschnitte 377 mm; jedoch wechselt die Fallhöhe zwischen 200 und über 600 mm auf 1 km. Dementsprechend variirt auch die Geschwindigkeit von beinahe 0 bis 3 m in der Sekunde. Bei einem Pegelstande von 0,63 m am Cochemer Pegel rechnet man den Wasserdurchfluss auf 37,1 cbm. Auf dieser Längenerstreckung von 92,88 km sind von Zuflüssen zur Mosel ausser kleineren Bächen zu beiden Seiten nur der Alf-, Endert- und Elzbach auf dem linken Ufer erwähnenswerth. Ersterer mündet bei Alf, der zweite bei Cochem und der letzte bei

---

1) d. h. Normal-Null oder Nullpunkt des Pegels zu Amsterdam, auf welches Niveau auch alle folgenden Höhenangaben bezogen sind.

2) Diese Zahlen, welche dem amtlichen Nivellement der Strombauverwaltung entnommen sind, und deren Mittheilung dem Regierungs- und Baurathe Schmidt zu Coblenz verdankt wird, werden nach Abschluss des Präcisions-Nivellements eine geringe Aenderung erleiden. Nach demselben beträgt z. B. die Pegelhöhe von Coblenz 57,604 m.

Moselkern. Dem Alfbache oder der Alf fliessen wieder viele aus der Vordereifel herabkommende Bäche zu, unter welchen der Uessbach und der Sommetbach die bedeutenderen sind. Der Endertbach zählt als Hauptzuflüsse den Kaulenbach und die Bäche aus dem Hochpochtener Walde. Der Elzbach nimmt in sich die Bäche von Kehrig, Monreal, Niederelz, Bermel, Boos, Mannebach und Sassen auf. Alle diese Bäche trocknen während des Sommers häufig aus, werden aber nach heftigen Regengüssen oder bei raschem Schneeabgange in den tief eingeschnittenen Moselbergen sehr reissend und überfluthen oft zerstörend die Ufer.

Die Nette, welche ein ziemlich bedeutendes Flussgebiet hat, entspringt bei Wüstleimbach in der Nähe der Hohenacht, vereinigt in sich ausser kleineren Bächen den Nitzbach bei Schloss Bürresheim und den Krufterbach bei Plaidt und mündet bei Netterhaus in den Rhein.

Der Brohlbach, welcher in seinem kurzen Laufe den Dürenbach, Wirrbach, Gleeserbach, Tönnissteinerbach und Heilbrunnerbach in sich aufnimmt, fliesst bei Brohl in den Rhein.

Die Wasserscheide zwischen Rhein und Mosel folgt von Coblenz aus der Coblenz-Trierer Landstrasse über Polch bis in die Nähe von Kehrig, zieht sich dann zwischen Kehrig und Allenz hin, nimmt von hier eine fast westliche Richtung bis zur Höhe vor Virneburg, wendet sich nach der Mayen-Kelberger Strasse und folgt derselben bis Kelberg, wobei sie die nähere Umgebung des Dörfchens Lind auf der nördlichen Seite umgeht.

Als besondere Merkwürdigkeit in hydrographischer Hinsicht bleibt noch der Laacher See zu erwähnen; v. Dechen, „Geognostischer Führer zu dem Laacher See“ S, 53 ff. schreibt hierüber Folgendes:

„Der Laacher See, die grösste Erscheinung dieses ganzen Gebietes, liegt auf der Höhe zwischen dem Brohl- und Nettethale. Der Nordrand desselben ist vom Brohlbach in Burgbrohl sehr nahe 1000 Ruthen, der Südostrand desselben von dem Bache in Kruft 1280 Ruthen und von der Nette oberhalb Plaidt nahe eine Meile entfernt. Der Nordostrand des Sees nähert sich dem Rheine unterhalb Namedy bis auf 1880 Ruthen.“

„Der See besitzt keinen natürlichen Ablauf; der Spiegel desselben soll beträchtlichen Schwankungen ausgesetzt gewesen sein, bis die Abtei Laach auf der Südseite, wo der Rand am niedrigsten und schmalsten ist, einen Stollen zum Abfluss des Wassers treiben liess. Nach der Angabe von Dr. J. Wegeler (Das Kloster Laach, Geschichte und Urkundenbuch, Bonn 1854 S. 22) ist der Kanal zuerst unter dem zweiten Abte Fulbert (1152 bis 1177) angelegt worden, welcher in Ermangelung eines natürlichen Abflusses dem mitunter anwachsenden See einen Abfluss nach Niedermendig hin verschaffte; ein Werk, welches die Klostergebäude und namentlich die Kirche vor den früherhin häufig vorkommenden Ueberschwemmungen schützte und vor Verderben bewahrte. Der elfte Abt, Theodorich von Lemen (1256 bis 1295) stellte den bereits damals schon zusammengefallenen Abfluss des Sees mit einem Kostenaufwande von 60 Mark wieder her. Der Stollen war längst verbrochen und verstattete dem Wasser keinen freien Abfluss, als der Besitzer von Laach in den Jahren 1842 bis 1844 einen neuen, tiefer gelegenen Stollen herstellen liess, durch den der Spiegel des Sees allmählich erniedrigt worden ist. Der neue Stollen verfolgt die Richtung des alten, der aber mehrere Krümmungen hatte, von S. gegen N. Das Mundloch desselben liegt $18^1/_2$ Ruthen unterhalb desjenigen des alten Stollens. Es hat bis zu dem Schachte am Ufer des Sees eine Länge von $251^1/_2$ Ruthen und bis zum Ufer selbst von 277 Ruthen."

„Die Höhe des früheren Seespiegels über dem Nullpunkte des Pegels zu Andernach ist durch ein geometrisches Nivellement zu 706 Pariser Fuss bestimmt worden, der 23 Fuss über der Sohle des neuen Stollens am Mundloche liegt, durch welchen die Senkung des Spiegels bewirkt worden ist. Da die Senkung des Seespiegels 20 Fuss beträgt, so ist die jetzige Höhe desselben zu 686 Par. Fuss über dem Pegel zu Andernach und zu 845 Par. Fuss über dem Meeresspiegel anzunehmen. Der grösste Durchmesser des Sees von S. gegen N. und ebenso von SW. gegen NO. betrug früher 664 Ruthen, jetzt 626 Ruthen, der kleinste Querdurchmesser von NW. gegen SO. dagegen 400 Ruthen, jetzt 378 Ruthen. Die Form des Sees ist eiförmig und dabei in der Mitte etwas eingeschnürt. Der grösste Querdurchmesser des NO.-Theiles mass früher 536 Ruthen, jetzt 520 Ruthen, der grösste Querdurchmesser des SW.-Theiles dagegen 440 Ruthen, welcher gegenwärtig die oben angegebene Abmessung der Einschnürung nicht mehr überschreitet. Die Oberfläche des Sees betrug früher 1518,53 Morgen oder 0,068 Quadratmeilen; in dem gegenwärtigen Spiegel ist seine Oberfläche nur noch 1327,6 Morgen oder 0,0597 Quadratmeilen. Die Fläche des Sees ist daher durch die Erniedrigung des Spiegels um $^1/_{12}$ bis $^1/_{13}$ der früheren verringert worden. Die frühere Fläche ist einem Kreise gleich, dessen Durchmesser 589,93 Ruthen beträgt; die gegenwärtige beschränkt sich auf einen Kreis von 551,60 Ruthen Durchmesser. Der Weg, welcher am Ufer um den See herumführt, besitzt eine Länge von 2100 Ruthen, wenig mehr, als eine Meile. An dem grösseren Theile des Umfanges findet sich nur ein schmaler Rand zwischen dem Ufer und dem steilen Abhange der umgebenden Berge, dagegen treten die Berge an der S.-Seite weiter vom Ufer zurück, so dass sich von ihrem Fusse bis zum See eine breite, niedrige Ebene ausdehnt. Dieselbe dehnt sich in SW.-Richtung aus, wo die Abtei Laach mit der schönen romanischen Kirche ihren Platz gefunden hat. Hier zieht sich auch die einzige längere Schlucht gegen den See herab. Sie kommt vom S.-Fusse des Kraterrandes des Rotheberges, der gerade W. von der Abtei liegt, und nimmt auf ihrem Laufe auch die kleinen, von dem O.-Abhange dieses Berges abfliessenden Schluchten auf. Eine ganz kleine Schlucht mündet auf der NO.-Seite, welche sichtlich durch den Ablauf einer Quelle gebildet ist, die in ihr entspringt."

„Die grösste Tiefe des Sees unter dem früheren Wasserspiegel beträgt nach den Messungen der Katasterbeamten 177 Par. Fuss, nach dem Bergmeister Schulze 183½ Par. Fuss (Karsten's Archiv 1828, Bd. 17 S. 398), nach einer alten Messung der Mönche, welche in dem Refectorium der Abtei aufgezeichnet war, 107 Kölnische Ellen oder 187½ Par. Fuss. Diese Unterschiede mögen theils davon herrühren, dass die Peilungen nicht an denselben Punkten stattgefunden haben, theils auch von dem wechselnden Niveau des Wasserspiegels des Sees und endlich von der Unvollkommenheit der Messungen selbst. Gegenwärtig ist daher die grösste Tiefe des Sees zu 157 Par. Fuss anzunehmen, 529 Par. Fuss über dem Pegel zu Andernach und 716 Par. Fuss über dem Meeresspiegel."

Nach der Ansicht v. Dechen's, S. 100 dasselbst, ist der Laacher See als das grösste der Rheinischen Maare und als Mittelpunkt der vulkanischen Thätigkeit dieser Gegend zu betrachten.

Etwa 22 km vom Laacher See nach Westen entfernt liegen die beiden Maare von Boos, und etwa 7,5 km südwestlich von diesen tritt das Mosbrucher Maar auf, welche sämmtlich fast ausgetrocknet sind und theils Wiesenflächen, theils Torfmoore enthalten. 7 km südöstlich von dem letzteren Maare liegt das Uelmener Maar, wohl das schönste der Eifel, welches eine Länge von 678 m, eine Breite von 512 m und eine Tiefe von etwa 60 bis 70 m hat.

Wie das Revier von vielen tief eingeschnittenen Thälern durchfurcht ist, in welchen zahlreiche Bäche dem Rheine oder der Mosel zufliessen, so treten andererseits gewaltige Erhebungen auf, welche beinahe ohne Ausnahme durch vulkanische Thätigkeit hervorgerufen sind. Es macht einen eigenthümlichen, fesselnden Eindruck auf den Beschauer, der, auf einer Bergesspitze stehend, allenthalben Kuppen hervorragen sieht, von denen er weiss, dass die meisten erloschene Vulkane oder doch durch vulkanische Thätigkeit entstanden sind und mit ihr in unmittelbarem Zusammenhange stehen.

Unter ihnen ist zuerst die hohe Acht zu erwähnen, ein 760 m hoher Basaltkegel in der hohen Eifel und der höchste Punkt derselben, welcher eine herrliche Rundschau über die Eifel- und Rheingebirge bis zum Kölner Dom hinab bietet. Ein Steinwall scheint darauf hinzudeuten, dass die Kelten den Berg zu einem Befestigungspunkte gewählt haben.

Der zweite Basaltkegel ist die 697 m hohe Nürburg, von welchem aus als ein Dreieckspunkt erster Ordnung bei der Europäischen Gradmessung Linien gestreckt worden sind nach dem Erbeskopf im Hochwalde, der Oppeler Höhe im Soonwalde, der Fleckertshöhe bei Boppard, dem grossen Feldberg im Taunusgebirge, der Löwenburg im Siebengebirge, der Michelskirche bei Münstereifel, Langschoss im hohen Venn, Berbelenkreuz im Kreise Schleiden und Prümscheid im Kreise Daun. Ausserdem hat die Katasterverwaltung von hier aus Linien untergeordneter Bedeutung gezogen nach dem Rödelheck im Kondelwalde, dem Altenberg im Soonwalde, der Montabaurer Höhe bei Coblenz, dem Hochsimmer bei Mayen und der hohen Acht. Eine alte Ruine krönt die Spitze der Nürburg und hat ihr wahrscheinlich den Namen gegeben — Nürburg heisst Neueburg im Gegensatze zu der nahe gelegenen Virneburg, Alteburg.

Die Verhältnisse der bedeutenderen Höhenpunkte sind aus der nachfolgenden Tabelle ersichtlich, welche nach v. Dechen (Erläuterungen zur geologischen Karte der Rheinprovinz und der Provinz Westphalen) in Metermaass reducirt ist.

Namen der Berge.	Meereshöhe. m	Namen der Berge.	Meereshöhe. m
Hoher Kelberg	674	Burgberg bei Rieden	500
Donnerschlagsberg	627	Schillkopf	500
Höchstberg im Hochpochtener Walde	621	Kappigerley	494
Scharfer Kopf	619	Mühlstein nördlich von Engeln	473
Brinken	615	Olbrück	471
Der Beilstein	589	Krufterofen	468
Elgersberg	588	Laacherkopf	459
Perlkopf	585	Hütteberg	449
Englerkopf	584	Randberg	443
Selberg	577	Ettringer Bellenberg	429
Hochsimmer	574	Veitskopf	429
Hochbermel	574	Nickenicher Hummerich	421
Gänsehals	571	Cottenheimer Büden	418
Masburger Kuhstiefel	570	Nickenicher Sattel	414
Sommerberg	564	Telberg	405
Wolfsberg	562	Camillenberg	383
Hoheley	561	Cottenheimer Mühlsteingruben auf dem Windfelde	368
Forstberg	559	Kunksköpfe	351
Schnieberg	553	Höchste Spitze in den Dellen	348
Sulzbüsch	549	Bausenberg	343
Schörchenholz	547	Herchenberg	323
Hannebacher Ley	545	Fornicherkopf	318
Sensenkopf im Mayener Stadtwalde	533	Drei Tonnen	311
Altenberg	531	Hinterer Katzberg	311
Höhe zwischen Rieden und Weibern	531	Nastberg	308
Schillköpfchen	524	Ettringer Mühlsteingruben	307
Rotheberg	510	Corretsberg	300
		Plaidter Hummerich	295
		Mayener Mühlsteingruben	292

Namen der Berge.	Meereshöhe. m	Namen der Berge.	Meereshöhe. m
Steinbergskopf bei Niederlützingen	291	Tönnchesberg	259
Grosse Wannen	290	Niedermendiger Mühlsteingruben	236
Langenberg	284	Eiterkopf	232
Leilenkopf	283	Reifenacker	226
Michelsberg	270	Nickenicher Weinberg	223
Rodenberg	260	Burgenerhaus	202

Aus den Höhenbestimmungen der Preussischen Landesaufnahme sind noch folgende Punkte hinsichtlich ihrer Höhenlage über N. N. anzuführen:

Bolzen No. 5494 am Eisenbahnübergang von Brohl 62,366 m.
„ No. 5498 am nördlichen Ausgang von Andernach 60,572 m.
Nullpunkt des Pegels am Krahnen nördlich von Andernach 51,404 m.
Bolzen No. 5501 am Südende von Weissenthurm an der Chaussee Cöln-Coblenz 64,060 m.
„ No. 5813 am rhein. Güterbahnhofe zu Coblenz an der Chaussee Coblenz-Trier 67,838 m.
„ No. 5808 125 m hinter dem Gasthause „Eiserne hand“ 264,502 m.
„ No. 5806 300 m hinter dem Gasthofe zum „Carmelenberger Hof“ 328,573 m.
„ No. 5801 am Ausgange von Polch 218,129 m.
„ No. 5798 200 m vor Kehrig 361,808 m.
„ No. 5795 100 m hinter dem Friedhofe von Düngenheim 438,872 m.
„ No. 5794 1 km vor Kaisersesch 463,034 m.
„ No. 5793 200 m hinter Kaisersesch, am kleinen Häuschen 424,950 m.
„ No. 5792 250 m vor dem Kreuzungspunkte der Chaussee Laubach-Cochem, bei Schöne Aussicht 499,944 m.
„ No. 5791 am Anfange des Marthenthals, an der Brücke oben 423,306 m.
„ No. 5790 im Aufgange vom Marthenthal 370,745 m.
„ No. 5789 700 m vor dem Gasthause „Zechenhaus“ 479,453 m.
„ No. 5786 800 m vor dem Abgangspunkte der Chaussee nach Cochem, vor Driesch 427,381 m.
„ No. 5785 am Eingange von Lutzerath 409,420 m.
„ No. 5784 1 km hinter Lutzerath 420,325 m.

Der Flächeninhalt des Reviers beträgt 1350 qkm oder 24 Quadratmeilen.

Die Bevölkerung vertheilt sich folgendermaassen:

Kreis.	Bürgermeisterei.	Seelenzahl nach der Zählung vom 1. Decbr. 1880.
Mayen	Andernacn (Land)	8 162
„	Andernach (Stadt)	5 296
„	Burgbrohl	4 484
„	Mayen (Land)	7 105
„	Mayen (Stadt)	7 740
„	Münstermaifeld	6 934
„	Polch	9 126
„	St. Johann	9 471
Cochem	Carden	4 412
„	Cochem (linkes Moselufer)	5 427
„	Eller	3 632
„	Kaisersesch	8 648
„	Lutzerath	6 711
„	Pommern	3 238
Adenau	Kelberg	3 754
„	Kempenich	2 643
„	Virneburg	3 336
Coblenz	Winningen (linkes Moselufer)	5 849
„	Coblenz (Land) (linkes Moselufer)	6 133 (ohne Militär)
„	Bassenheim	9 847
Zell	Senheim (linkes Moselufer)	130
„	Zell (linkes Moselufer)	2 608

Die Gesammtbevölkerung des Reviers beträgt also 124 686 Einwohner oder auf ein qkm 92 Bewohner, d. i. 4 Einwohner mehr, als durchschnittlich im Preussischen Staate auf ein qkm kommen.

III. Geognostische Verhältnisse.

Das Revier erstreckt sich nur über das rheinische Schiefergebirge und zwar über die unteren Devonschichten, die sog. Coblenzschichten. Dasselbe ist aber mannigfach von vulkanischen Erhebungen durchbrochen, von Lavaausflüssen überlagert, von Auswürflingen überschüttet und nur an wenigen Stellen von tertiärem Gebirge überdeckt. Die vulkanische Thätigkeit innerhalb des Gebietes, namentlich im Bereiche des Laacher Sees, scheint sich hauptsächlich in der Diluvialzeit geäussert zu haben.

Was die in geognostischer Beziehung so überaus interessante Umgebung des Laacher Sees anbelangt, so hat neben anderen Gelehrten besonders v. Dechen in seinem „Geognostischen Führer zu dem Laacher See“ eine eingehende Schilderung gegeben, so dass es für den vorliegenden Zweck genügt, eine gedrängte, namentlich die bergbaulichen Verhältnisse berührende Uebersicht zu geben, und im Uebrigen besonders auf die Schriften von v. Dechen, v. Oeynhausen (dessen Karte nach vollen 40 Jahren heute noch vorzüglich ist), Noeggerath und Steininger zu verweisen.

A. Rheinisches Schiefergebirge.

Wie bereits erwähnt, erstreckt sich das Revier nur über die unteren Devonschichten. Es wechseln hierbei Grauwackenbänke — Spiriferensandstein — mit Thonschieferschichten ab, deren Mächtigkeit wieder zwischen einigen cm und mehreren 100 m variirt. Das Streichen der Gebirgsschichten ist sehr gleichmässig zwischen h. 4 und 5, ihr Einfallen dagegen mancherlei Wechseln unterworfen. Eine Hauptmuldenlinie geht ziemlich parallel mit dem Streichen der Schichten von Andernach aus über Trimbs, südlich an Kehrig und Kaisersesch vorbei und nimmt ihre Richtung weiter durch das Marthenthal, wo die Coblenz-Trierer Strasse den Endertbach überschreitet. In diesem tief eingeschnittenen Thale war dieselbe vor wenigen Jahren in der Dachschiefergrube Marthenthal deutlich erkennbar. Nördlich dieser Muldenlinie fallen die Gebirgsschichten meistens ziemlich steil mit 70 bis 80° in Südosten ein, während das Fallen auf dem südlichen Muldenflügel viel flacher ist und oft nur 30 bis 40° beträgt. Die sehr quarzreiche Grauwacke hat eine durchschnittlich hellgraue Farbe und ist an vielen Stellen, namentlich im Moselthale, durch Eisenrahm roth gefärbt. Ihre Härte wechselt vom Zerbröcklichen bis zur Quarzithärte, obwohl Quarzit nirgends bekannt ist, und wird dann auch wohl als gutes Strassenmaterial verwendet; in vielen Steinbrüchen wird sie als dauerhafter Baustein gewonnen.

Die Thonschieferschichten haben mit den Grauwackenschichten ein ganz conformes Verhalten; auch sie sind hin und wieder, besonders in den Bergen des Moselthales durch Eisenrahm auf den Kluftflächen roth gefärbt. Oberhalb Moselkern und südöstlich von Mannebach werden sie von einem schwarzen Schiefer begleitet, der sich kaum von dem Schieferthon der Steinkohlenformation unterscheiden lässt und desshalb auch an beiden Stellen zu Versuchen auf Steinkohlen Veranlassung gegeben hat.

Dachschiefer.

Ausserordentlich häufig wird jedoch der Thonschiefer sehr fein spaltbar und zeigt eine schöne, schwärzlich blaue Farbe. An diesen Stellen wird derselbe fast überall als Dachschiefer gewonnen oder ist doch wenigstens der Gegenstand eines Versuches gewesen. Die meisten dieser Dachschiefergewinnungen liegen in der Nähe der Hauptmulde, und es lassen sich der örtlichen Lage nach dieselben in drei grosse Gruppen eintheilen, von welchen die südlichste bei Kaisersesch, die mittlere südlich von Mayen und die nördlichere bei Trimbs auftritt. Eine vierte Gruppe bei Münstermaifeld ist wegen der geringeren Mächtigkeit der Schieferrichten von untergeordneter Bedeutung. Ausser diesen Gruppen sind noch vielfach vereinzelte Schiefervorkommen bekannt, welche sich aber keiner dieser Gruppen zutheilen lassen.

Die Anzahl der Schieferlager ist so bedeutend, dass sie kaum alle einzeln aufgezählt werden können. Bei Kaisersesch kennt man deren mehr als 30, von welchen die meisten auch bebaut werden. Sie sind hier im Streichen auf eine Länge von mehr als 150 m ausgerichtet, ohne dass sich dieselben jedoch in Streichen, Fallen, Mächtigkeit und Qualität gleichmässig verhielten. Die in der Nähe des Dorfes Müllenbach gelegenen Dachschiefergruben waren früher berühmt, und es gingen die Schiefer, wie auch jetzt noch, unter dem Namen der Clottener Leyen in den Handel, weil sie in Clotten an der Mosel verschifft wurden. In der Umgegend von Mayen setzen etwa 10 Schieferlager auf, und die dritte Gruppe bei Trimbs umfasst mehr als 20 Richten.

Alle Gruben, welche auf diesen verschiedenen Schieferlagern bauen, fördern vorzügliche Dachschiefer, welche sich durch ihre Härte, ihren seidenartigen Glanz und ihre schöne, schwärzlich blaue Farbe auszeichnen, während die auf dem südlichen Muldenflügel in den flachfallenden Gebirgsschichten bauenden Gruben einen heller gefärbten und auch wohl etwas weicheren Dachschiefer liefern.

Versteinerungen.

Berühmte Fundpunkte von Versteinerungen innerhalb der unterdevonischen Schichten sind: Winningen, Bertrich, die Grube Silbersand und die Auderather Mühle. An einigen derselben tritt eine so überaus grosse Zahl von Spezies auf, dass nur zu bedauern ist, dass sie fast durchgängig äusserst schlecht erhalten sind und meistens nur Abdrücke hinterliessen, deren Kerne mit Eisenoker angefüllt sind.

Ausser diesen Punkten sind noch in der nächsten Umgebung von Güls im Mühlbachthale und bei Hatzenport an der Mosel, an letzterem Orte besonders rechts der Strasse nach Münstermaifeld in der ersten Wendung, ferner am nördlichen Rande des Laacher Sees und unterhalb der Schweppenburg im Brohlthale mehrere Fundstellen bekannt.

Soweit ermittelt werden konnte, sind aus den unterdevonischen Schichten im Reviere die nachfolgenden Versteinerungen gefunden worden und grösstentheils bereits in der Abhandlung von Dr. Wirtgen und F. Zeiler,

Vergleichende Uebersicht der Versteinerungen in der rheinischen Grauwacke (11. Jahrgang der Verhandlungen des naturhistorischen Vereines für Rheinland und Westfalen 1854 S. 459 ff.) erwähnt:

I. Trilobitae.

1. Homalonotus armatus. Burm.
2. " obtusus. Sdb.
3. " Herschelii. Z. Wirtg.
4. Phacops crassicauda. Sdb.
5. " laciniatus. F. Röm.
6. " latifrons. Bronn.
7. " stellifer. Burm.

II. Annulata.

8. Serpula sp.
9. Spirorbis ammonia. Gldf.

III. Cephalopoda.

10. Orthoceras triangul. D'Arch. Vern.
11. " planiseptatum. Sdb.

IV. Gasteropoda.

12. Pleurotomaria scalaris. Sdb.
13. " daleidensis. F. Röm.
14. Murchisonia sp.
15. " angulata. Phil.
16. Loxonema obliqui-arcuatum. Sdb.
17. Natica inflata. Röm.
18. " sp.
19. Pileopsis prisca. Gldf.
20. Acroculia sp. Kays.
21. Bellerophon bisculatus. Sow.
22. " trilobatus. Sow.
23. " globatus. Sow.

V. Pteropoda.

24. Tentaculis annulatus. Schloth.
25. " sp.
26. Coleoprion gracile. Sdb.
27. Conularia subparallela. Sdb.

VI. Pelekypoda.

28. Avicula Neptuni. Gldf.
29. Pterinea lineata. Gldf.
30. " costata. Gldf.
31. " fasciculata. Gldf.
32. " radiata. Gldf.
33. " laevis. Gldf.
34. " plana. Gldf.
35. " ventricosa. Gldf.
36. " lamellosa. Gldf.
37. " truncata. F. Röm.
38. Actinodesma malleiforme. Sdb.
39. Modiolopsis spec.
40. Megalodon striatus. Schnur.
41. Nucula Krachtae F. Röm.
42. " securiformis. Gldf.
43. " solenoides. Gldf.
44. " prisca. Gldf.
45. " lamellosa. Gldf.
46. " primaeva. Stein.
47. " subaequalis Schnur.
48. " scalaris Schnur.
49. " fornicata. Gldf.
50. " parallela. Z. Wirtg.
51. Cardium Vau. Sdb.
52. Pleurocardium compressum. Schn.
53. Venulites concentricus. F. Röm.
54. Lucina lineata. Lam.
55. " declivis. A. Röm.
56. Grammysia hamiltonensis. Vern.
57. " per anseris. Z. Wirtg.
58. " subglobosa. Z. Wirtg.

VII. Brachiopoda.

59. Orbicula subconcentrica. Schnur.
60. " Verneulii. Schnur.
61. Crania spec.
62. Productus spec.

63. Chonetes sarcinulata. Schloth.
64. „ dilatata. Dekon.
65. Strophomena laticosta. Conr.
66. „ Sedgwickii. D'Arch. Vern.
67. Strophomena Murchisonii. D'Arch. Vern.
68. Strophomena explanata. Sow.
69. „ productoides. Z. Wirtg.
70. Strophomena depressa. Dalm.
71. Orthis Beaumonti. Vern.
72. „ umbraculum. Schloth.
73. Spirifer cultrijugatus. F. Röm.
74. „ macropterus. Gldf.
75. „ speciosus. Schloth.
76. „ dichotomus. Z. Wirtg.
77. „ ostiolatus. Schloth.
78. „ curvatus Schloth.
79. „ heteroclytus. Defr.
80. Rhynchonella pila. Schnur.
81. „ daleidensis. F. Röm.
82. „ strigiceps. F. Röm.
83. Terebratula Steiningeri. Schn.
84. Athyris concentrica. v. Buch.

VIII. Echinodermata.

85. Asterias spec.
86. „ rhenana. Müller.
87. Aspidosoma Arnoldii. Gldf.
88. Ctenocrinus Typus. Bronn. (jetzt als Melocrinus typus Schulze bezeichnet).
89. Ctenocrinus decadactylus. Gldf. (jetzt als Melocrinus decadactylus Schulze bezeichnet).
90. Acanthocrinus longispina. A. Röm.

IX. Polypi.

91. Pleurodictyum problemat. Gldf.
92. Cyathophyllum primaevum. Stein.
93. Fenestella spec.
94. Eschara spec.
95. Retepora spec.
96. Favosites fibrosus. Gldf.
97. „ spec,
98. Reptaria hypnoid. Z. Wirtg.

Algae.

99. Chondrites antiquus. Sternb.
100. Halyserites Decheni. Göpp.

Ausserdem wurden noch im Brohlthale an der Netzer Mühle unterhalb Schweppenburg die zum Geschlechte der Lycopodiaceen gehörende
101. Sagenaria nov. spec. und drei unbestimmte Formen dieses Pflanzengeschlechtes gefunden.

Von allen diesen Petrefakten kommen bei weitem am häufigsten Chonetes sarcinulata, Spirifer cultrijugatus und Spirifer macropterus vor, so dass von ihnen einzelne Schichten ganz angefüllt sind.

Gangvorkommen.

Das rheinische Schiefergebirge ist in dem Reviere arm an Erzen von edlen Metallen, und so vielfach dasselbe auch von Gängen, welche unedlere Erze führen, durchzogen wird, ist doch nur an äusserst wenigen Stellen ein Vorkommen aufgeschlossen, welches einen nachhaltigen Betrieb zur Folge gehabt hätte.

Ausser den gewöhnlichen Gängen, welche die Gebirgsschichten quer durchsetzen, treten im Reviere, wie überhaupt im rheinischen Schiefergebirge und besonders in der Eifel solche Gänge auf, welche ein mit den Gebirgsschichten beinahe conformes Streichen und Einfallen haben, dieselben nur in einem ganz spitzen Winkel durchschneiden und Lagergänge genannt werden.

1. Eisenerze.

Beinahe das ganze Revier ist, soweit die Schichten des Unterdevon an die Oberfläche treten, von Eisenerzen der Hunsrücker Formation überdeckt. Sie setzen als kurze, mehr oder minder mächtige Trümmer auf, welche Spalten im zersetzten Schiefer ausfüllen und bis in den festen Thon- oder Grauwackenschiefer — bis zu etwa 6 m — niedergehen. Der Zusammensetzung nach sind diese Eisenerze phosphorhaltiger Brauneisenstein, der aber mitunter in derben braunen Glaskopf oder auch in sehr armen Thoneisenstein übergeht. Betrieb hat bis jetzt auf diesem Eisenerzvorkommen nicht stattgefunden, ausser einer kurzen Zeit vor dem Jahre 1857, als die Eisenhütte Quint bei Trier einige Gewinnungspunkte bei Lutzerath eröffnet hatte, und die Aktiengesellschaft Phönix auf der Grube Gaseisen im Dachsbüsch bei Wehr einen Betrieb führte, der aber wegen der dem zuströmenden Wasser entweichenden und sich beständig in der Grube ansammelnden kohlensauren Gase eingestellt werden musste.

Das verbreitetste Vorkommen dieser Eisenerze ist auf dem Moselplateau zwischen der Mosel und einer Linie, welche Mayen mit Lutzerath verbindet und von diesen Orten wieder rechtwinklig nach der Mosel verläuft. Ueber diese Fläche sind weit über 200 Verleihungen nach dem Allg. Berggesetze vom 24. Juni 1865 ertheilt worden, während auf Grund des französischen Berggesetzes vom 21. April 1810 noch die grossen Concessionen Uelmen, Clottenerhöhe, Masburg und einige andere bestehen. Vereinzelte Vorkommen weiter nördlich, aber jenem ganz ähnlich, sind durch die Concessionen Dominicus bei Winningen und St. Lubentius bei Cobern überdeckt.

Gangartig treten die Eisenerze nur in der Grube Norbertus bei Cobern an der Mosel auf, wo fünf Spatheisensteingänge bebaut worden sind, und bei Wehr, wo ebenfalls ein Spatheisensteingang in der Grube Eisenkaul Gegenstand der Bebauung war, bis auch dort in grösserer Teufe die Entwickelung von kohlensauren Gasen zu bedeutend wurde, um den Betrieb fortsetzen zu können.

Zwei andere lagerartige Gänge setzen innerhalb der Felder Alf und Alf II bei Alf auf; sie führen polarisch-magnetischen Rotheisenstein, sind jedoch nur von geringer Mächtigkeit und niemals bebaut worden.

2. Kupfererze.

Von Kupfererzen ist es besonders Kupferkies, welcher gewöhnlich mit Schwefelkies, aber auch mit Zinkblende, Bleiganz und Spatheisenstein oder Bitterspath in lagerartigen Gängen oder auch nesterweise auftritt.

In der Grube Jungfrau von Hall bei Brohl, wo ein alter Pingenzug auf früheren Bergbau hindeutet, hat man durch Versuchsarbeiten einen Quarzgang aufgeschlossen, welcher bei einem Streichen h. 4 und einem Einfallen unter 70 ° in Südosten in einer Mächtigkeit von 34 cm Kupferkies mit Malachit und Kupferlasur führte; weitere Versuche fanden jedoch den Gang nur taub.

Südlich hiervon tritt bei Namedy in der Grube Glückauf ein lagerartiger Gang auf, welcher h. 4—5 streicht und unter 70—80° in Südosten einfällt. Er führte in einer Mächtigkeit von 70—80 cm derben und krystallisirten Kupferkies, Bleiglanz und Zinkblende. Dieser Gang wäre einer weiteren Untersuchung werth gewesen, aber man scheute die Kosten der Anlage eines tiefen Stollens oder einer Wasserhaltungsmaschine.

In der nächsten Nähe ist in der Grube Bismarck ebenfalls ein im Gebirgsstreichen auftretendes Kupferkies- und Schwefelkiesvorkommen bekannt, auf welchem jedoch noch kein Bergbau stattgefunden hat.

Weiter nach Westen zwischen den Dörfern Wassenach und Kell am Laacher See tritt in der Grube Barthold ein etwa 1,5 m mächtiger Gang auf, welcher h. 1 streicht und unter 55 bis 60 ° nach Westen einfällt. Der Gang führte dichten Brauneisenstein, welcher, in Drusen eingeschlossen, nadel- und büschelförmigen Malachit sowie derbes Kupferglaserz, Kupferkies, Kupferlasur in Krystallen und gediegenes Kupfer enthielt. Trotz dieses interessanten Vorkommens hat nur ein geringer Bergbau auf diesem Gange stattgefunden; es wurden zwei Schächte 10 bis 12 m tief abgeteuft und ein Stollen auf dieselben getrieben, aber nicht mit ihnen durchschlägig.

In der nächsten Nähe der hohen Acht ist im Grubenfelde Rhein-Mosel ein weiteres Kupfererzvorkommen bekannt, welches ebenfalls im Streichen der Gebirgsschichten liegt und mit 70° in Nordwesten einfällt. Der Gang ist beinahe 2 m mächtig und führt in Quarz schmale Schnüre derber und eingesprengter Kupfer- und Schwefelkiese. Betrieb hat ausser dem Auffahren eines 6 bis 7 m langen Stollens auch hier nicht stattgefunden.

In demselben Grubenfelde wurden östlich des ersten Vorkommens, bei Lochert, zwei Parallelgänge aufgeschlossen, welche ebenfalls im Streichen der Gebirgsschichten aufsetzen und unter 50° in Südosten einfallen. Der Hangende dieser Gänge ist 1,5 m und der Liegende 1 m mächtig, beide führten nesterweise bis zu 60 cm Mächtigkeit Kupferkies und Bleiglanz. Auch im westlichen Grubenfelde bei Breidscheid setzt ein 1,3 m mächtiger Quarzgang auf, dessen Streichen h. 10 und Einfallen unter 65 ° in Südwesten ist, und welcher ebenfalls Kupferkies und Bleiglanz, mitunter aber auch nesterweise Fahlerze führte. Die durch Stollen und streichende Strecken erzielten Aufschlüsse waren, vielleicht weil nur über der Stollensohle gemacht, so entmuthigend, dass man, da auch starke Wasserzuflüsse hinzutraten und wegen der abgelegenen Lage die Eröffnung eines Tiefbaues nur mit Aufwendung grosser Kosten möglich gewesen wäre, im Jahre 1863 den Betrieb gänzlich einstellte. Es steht zu hoffen, dass nach Ausführung der projektirten Eisenbahn von Ahrweiler nach Adenau der Betrieb dieser Grube wieder aufgenommen wird.

Ein unbedeutendes Vorkommen von Kupfer- und Schwefelkies ist noch südöstlich der hohen Acht bei Eschbach in dem Felde gleichen Namens zu verzeichnen. Das Streichen desselben ist h. 4—5 und das Einfallen nordwestlich unter 50—60°. Ausser einem kurzen Stollen und einem kleinen Gesenke sind keine Versuchsarbeiten ausgeführt worden. Auch in der Nähe der Mosel sind mehrere Kupfererzgänge bekannt, auf welchen aber bisher kein nachhaltiger Betrieb stattgefunden hat. Bei den Birschinger Höfen unweit Carden hat man in der Grube Forst mit einem kurzen Stollen und einem 1 m tiefen Gesenke einen Quarzgang aufgeschlossen, welcher in h. 2 streicht, unter 75° in Westen einfällt und in einer Mächtigkeit von 1 m derbe Kupfer- und Bleierze, sowie Zinkblende, Schwefelkies und Fahlerze führte. Mit zwei tiefer angesetzten Stollen wurde der Gang zwar ausgerichtet, zeigte sich aber beim Auffahren im Streichen sowohl, als im Ueberhauen sehr arm an Erzen, so dass man diese Versuchsarbeiten bald wieder einstellte.

Nur unbedeutende Aufschlussarbeiten auf zwei Kupfererzgängen in den Grubenfeldern Ernst und Cochemer Krampen führten zu keinem Resultate; jedoch scheint dem Dörfchen Fankel an der Mosel gegenüber auf der Bergeshöhe im Distrikte „Auf dem Berge" in früheren Jahrhunderten ein regerer Betrieb stattgefunden zu haben, da zahlreiche Schlackenstücke auf den ehemaligen Betrieb eines Windofens schliessen lassen. Weitere Nachrichten hierüber sind jedoch nirgends aufzufinden.

Ganz in der Nähe von Bad Bertrich, an der Strasse nach Alf, wurden in dem Felde Thomas in zwei Quarzgängen, deren Streichungslinie in der Richtung der Gebirgsschichten liegt, und welche unter 30—40° in Nordwesten einfallen, Kupfererze erschürft. Der westliche Gang führte nur eingesprengte Kupferkiese, während in dem auf dem östlichen Gange getriebenen Stollen ein nesterartiges Vorkommen von Buntkupfererz in einer Mächtigkeit von etwa 30 cm erschlossen wurde. Weitere Versuchsarbeiten im Streichen und Fallen zeigten den letzteren Gang jedoch vollständig erzleer, bis er sich bei 4 m Teufe zum Bestege verdrückte.

3. Zinkerze.

Von Gängen, welche vorzugsweise Zinkerze, hiermit verwachsen aber auch Blei- und Kupfererze führen, ist nur ein einziger bekannt. Er setzt westlich des Schlackenkegels Hochsimmer auf und wird in der Grube Silbersand bebaut. Sein Streichen ist h. 3—4 und das Einfallen unter 60—65° in

Südosten. Ungefähr im Streichen dieses Ganges nach Südwesten ist in den Grubenfeldern Johanna, Jung I und Kempen bei Münk und Mannebach ein Vorkommen von derben Bleierzen aufgeschlossen, welches vielleicht mit dem Silbersander Gange im Zusammenhange steht.

4. Bleierze.

Vorherrschend Bleierze, verbunden mit Zinkblende, Kupferkies und Schwefelkies, brechen im nordwestlichen Theile des Reviers östlich von der hohen Acht in der Grube Siebenbach. Hier deutete eine alte Halde auf früheren Bergbau hin, und die darauf unternommenen Versuchsarbeiten erschlossen einen 50 cm mächtigen Gang, welcher Bleiglanz in einer Mächtigkeit von 30 cm führte. Sein Streichen war h. 7—8 und das Einfallen unter 60—65° gegen Südosten. Der Betrieb wurde jedoch nicht fortgesetzt, weil der Wasserzudrang zu bedeutend und die Grube von allen Communicationsmitteln zu entfernt war, um die Betriebsmaterialien herbei- und die Erze fortschaffen zu können. Auch auf den Betrieb dieser Grube dürfte die Fortsetzung der Ahrthalbahn von Einfluss sein.

Weiter östlich hiervon tritt bei Langenfeld am Arftbache, ehe derselbe sich in die Nette ergiesst, im Grubenfelde Bleidelle ein Blei- und Zinkerze führender Quarzgang auf, welcher h. 10—11 streicht und mit 75—80° gegen Südwesten einfällt. Er hatte zwar eine Mächtigkeit von etwa 1 m, war jedoch nur schwach erzführend, weshalb die Ausrichtungsarbeiten nicht weiter fortgesetzt wurden. Der Betrieb der Alten auf dem Ausgehenden scheint nicht unbedeutend gewesen zu sein, da der Gang hier ganz abgebaut ist. Ein von der Thalsohle aus vor einigen Jahren angesetzter Stollen hatte beim vorläufigen Aufgeben des Betriebes den Gang noch nicht ausgerichtet.

Ein weiteres Bleierzvorkommen ist bei St. Jost unweit Virneburg in der Grube Gute Hoffnung Bernardi et Susannae bebaut worden. Es setzen hier drei Gänge auf, von welchen der östliche im Streichen der Gebirgsschichten liegt, unter 40° in Südosten einfällt und über 1 m mächtig ist. Der nördliche hat dieselbe Mächtigkeit, streicht h. 11—12 und fällt mit 50—60° gegen Südwesten ein; der westliche streicht h. 10—11, hat ein Einfallen unter 70 bis 80° in Südwesten und besitzt eine Mächtigkeit von 0,5 m. In oberer Teufe brachen auf allen Gängen derbe, feinspeisige Bleierze, mitunter auch Glasur- und Weissbleierze, sowie Kupferkies. Die Erzführung trat jedoch nur in einzelnen Nestern und ganz kurzen Mitteln auf und wurde nach der Teufe zu immer ärmer. Man stellte daher, da auch die Wasserzuflüsse sehr bedeutend wurden, im Jahre 1859 den Betrieb gänzlich ein.

Ebenso ungünstig waren die Aufschlüsse, welche man in der Grube Carden I bei Carden an der Mosel machte. Ein etwa 1 m mächtiger Quarzgang im Streichen der Gebirgsschichten mit nördlichem Einfallen von 60—70°

führte am Ausgehenden derbe Bleierze mit Zinkblende und Kupferkies; nach der Teufe zu wurden die Erze jedoch immer seltener und die Wasserzuflüsse bedeutender, so dass man endlich im Jahre 1881 den Betrieb aufgab.

Oestlich hiervon hat man in der Grube Mosella bei Müden an dem Moselgehänge an drei verschiedenen Punkten, wahrscheinlich auf einem und demselben Gange, Betrieb geführt. Das Gangstreichen war h. 6—7 und das Einfallen unter 60—65° in Nordwest. Die Mächtigkeit betrug ungefähr 1 m, und die im Gange eingesprengten Erze bestanden aus feinspeisigem Bleiglanz mit Zinkblende. In Folge der kriegerischen Ereignisse des Jahres 1870 kam die Grube zum Erliegen und wurde seitdem leider nicht wieder aufgenommen.

Ein ähnliches Vorkommen ist bei Catenes an der Mosel in der Grube Marie aufgeschlossen. Der Gang setzt im Streichen der Gebirgsschichten auf und fällt mit 70° nach Nordwesten ein. In einer Mächtigkeit von 1 m führte er am Ausgehenden derbe Weissbleierzknollen, Bleiganz, Zinkblende und Kupferkies. Ein vom Moselthale herangetriebener Stollen richtete im Jahre 1868 bei einer Länge von 69 m den Gang erzführend aus, und man begann, die Feldstrecken aufzufahren. Aber auch hier machte sich die Einwirkung der kriegerischen Verhältnisse geltend, indem seit jener Zeit das Auffahren auf dem in einzelnen Mitteln reiche Blei- und Zinkerze führenden Gange nur mit grossen Unterbrechungen fortgesetzt wird.

Vereinzelte Bleierzvorkommen, auf welchen aber noch kein Grubenbetrieb stattgefunden hat, sind in den Feldern Helpethal bei Namedy am Rhein, Achenbach bei Cobern an der Mosel, Brohl, Keiler, Treis und Lavinia nordwestlich von Carden aufgeschlossen.

5. Manganerze.

Manganerze werden, wie in den Schichten des Unterdevon überhaupt, nur äusserst selten angetroffen. Sie sind als Ueberzug oder Rinde von Eisenerzen bekannt und treten nur an einer einzigen Stelle als geschlossene Masse auf. In der Nähe von Kell am Laacher See, wo der Weg nach der Kreihers Mühle hinabführt, sind in Klüften im zersetzten Thonschiefer, welche h. 8—9 streichen und unter etwa 10° in Südwesten einfallen, Manganerze in mulmigem Zustande in einer Mächtigkeit von 30 cm gefunden, auch ist auf dieselben ein Feld unter dem Namen Jung IV verliehen worden; es hat jedoch niemals Betrieb darauf stattgefunden.

6. Schwerspath und Schwefelkies.

In der Grube Rosalie unweit Müllenbach bei Kelberg durchsetzt ein etwa 1 m mächtiger Schwerspathgang die Schichten des Unterdevon, welcher in einem alten Stollen ein Streichen h. 3 und ein beinahe seigeres Einfallen zeigt. Am Hangenden wie am Liegenden wird derselbe von einem 15 cm mächtigen Schwefelkiestrumm begleitet. Mit einem 300 m südwestlich des alten Stollens am südlichen Abhange des Geisberges begonnenen, 45 m langen neuen Stollen wurde derselbe Gang in 5,5 m grösserer Teufe ausgerichtet. Das Streichen ist dasselbe geblieben, das Einfallen aber hat sich auf 60° in Südwesten geändert. Die Mächtigkeit des Ganges, welcher hier Schwerspath von grossblättriger Struktur und sehr weisser Farbe und nur hin und wieder Schwefelkiesspuren führt, beträgt 2 bis 3,5 m. In gleicher Mächtigkeit tritt im zerklüfteten Grauwackenschiefer bei Uersfeld ein Schwerspathgang auf, welcher h. 7—8 streicht und unter 80° gegen Südwesten einfällt. An beiden Punkten war der schwefelsaure Baryt mit oft langjährigen Unterbrechungen Gegenstand der Gewinnung. Mitunter kam er sehr rein weiss und grossblätterig vor, meistens aber war er durch Eisenoxyd gefärbt, und dann verursachte das Aushalten der reinen, verkäuflichen Stücke so grosse Kosten, dass man mit dem durchschnittlich viel reineren Schwerspath des Odenwaldes etc. nicht zu concurriren vermochte.

B. Ueberlagerungen des rheinischen Schiefergebirges.

Thon und Braunkohle.

Die Entstehung der ersten Ueberlagerung des rheinischen Schiefergebirges ging mit der Zersetzung der Grauwacken- und Schieferschichten an der Oberfläche Hand in Hand, und v. Oeynhausen sagt hierüber in den Erläuterungen zu seiner geognostisch-geographischen Karte der Umgegend des Laacher Sees (Berlin 1847 S. 10) Folgendes:

„Aus der Zerstörung des Schiefergebirges hervorgegangen und demselben unmittelbar aufgelagert, ist das Braunkohlengebirge, welches in dem Bereiche der Karte sehr verbreitet auftritt. Dasselbe besteht aus plastischem Thon, feinem Sand und grobem weissen Kies, und an mehreren Punkten finden sich auch Braunkohlenlagen in demselben. Dass der plastische Thon durch Verwitterung des Thonschiefers gebildet worden, lässt sich an vielen Punkten, z. B. westlich von Mayen, am deutlichsten aber bei Arenberg östlich von Ehrenbreitstein beobachten; hier finden sich Thonschieferschichten mit Sandsteinbänken wechselnd, die am Ausgehenden durch alle Grade der Verwitterung in plastischen Thon übergehen. Dieser verwitterte Thonschiefer wurde vom Wasser weggeschwemmt und als plastischer Thon, in der Regel an den tiefer gelegenen Punkten, oft in bedeutender Mächtigkeit abgesetzt. Die weissen Quarzadern aber, welche den Thonschiefer häufig durchsetzen, blieben auf den Berghöhen zurück, wurden zerbröckelt und durch den Wellenschlag in seichten Gewässern zu runden Quarzgeschieben von der Grösse einer Wallnuss und darüber abgerundet. Da der Quarz in allen Dimensionen von gleicher Festigkeit, so ist die runde Form der Geschiebe vorherrschend; auch bestehen dieselben nur aus weissem Quarz, auf der Oberfläche mit einem gelblichen Hauch überzogen, ohne Beimengung anderer Gesteine. Die Entstehungsart des Braunkohlengebirges bringt es mit sich, dass es weit verbreitet und in den mannigfaltigsten Niveauverhältnissen vorkommt, der plastische Thon jedoch und die Kiesablagerungen in der Regel getrennt auftreten. . . . Der plastische Thon findet sich vorzugsweise in den tiefer gelegenen Gegenden, und alle sanften Gehänge des Neuwieder Beckens, bei Cottenheim, Emmingerhof, auf der Burgerheide, bei Saffig, Bassenheim, Gladbach und Weiss scheinen damit überlagert. Die Ablagerungen von Kies hingegen, die ebenfalls oft eine sehr bedeutende Mächtigkeit erreichen, finden sich stets nur auf den höheren und höchsten Flächen des Schiefergebirges; sie liegen daselbst auf der ursprünglichen Lagerstätte ihrer Erzeugung und sind keine Anschwemmungen stromartiger Fluthen, wie einige Schriftsteller behauptet haben. Mächtige Ablagerungen dieser Kiesbildung finden sich auf den Hochebenen, welche den Camillenberg umgeben, auf dem hohen Bergrücken zwischen Ems und Ehrenbreitstein in mehr als 1000 Fuss Meereshöhe, bei Simmern, oberhalb Pempermühle, auf der Höhe zwischen Bendorf und Grenzhausen, bei Stromberg, bei der Kreuzkirch unweit Oberbieber und in geringerer Menge bei Ober- und Nieder-Lützingen und vielen anderen Punkten; der niedrigste Punkt, wo dieselben gemeinschaftlich mit Sandschichten in geringer Verbreitung vorkommen, ist aber bei Bassenheim links der Strasse von da nach Rübenach."

Die in dem weiten Becken zwischen Coblenz und Andernach zu beiden Seiten des Rheines auftretenden mächtigen Thonlagerstätten sind auf der rechten Rheinseite mehr von weisser, auf der linken Seite mehr von blauer Farbe. Beide sind Gegenstand der Gewinnung und erstere unter dem Namen Urbarer, letztere als Mülheimer feuerfester Thon im Handel bekannt. Im Reviere Coblenz I wird der blaue Thon bei Mülheim und Rübenach, Kaerlich und Kettig gewonnen. Bei den Dörfern Dreckenach und Rüber, zwischen Gondorf an der Mosel und Polch, sowie bei Kruft an der Andernach-Mayener Eisenbahn treten mehrere Mulden von weissem Thon auf, welche ebenfalls von Zeit zu Zeit Gegenstand der Gewinnung sind. Ein vereinzeltes Vorkommen von weissem plastischen Thon ist die Ablagerung am südlichen Abhange des Herchenberges bei Bennerhof im oberen Brohlthale, welche eine Zeit lang von der Fabrik feuerfester Steine zu Sinzig bebaut wurde.

In der bei Kettig unter dem brauchbaren feuerfesten blauen Thon aufsetzenden, 2 bis 3 m mächtigen, grünlichen Thonschicht fanden sich nach der Untersuchung von Dr. Angelbis sehr zahlreiche Exemplare von Litorinella acuta Braun (Hydrobia ventrosa Mont.) und ein Bruchstück von Melanopsis callosa Braun.

An einigen Stellen führen die dunklen Thonlagerstätten Braunkohlen, welche in der Nähe von Neuwied bei Saffig, Weissenthurm und Kettig, sowie bei Gallenberg durch Bohrversuche, Schächte und Schurfgräben weiter aufgeschlossen und worauf die Bergwerksconcessionen Oeynhausenzeche, Antonius und Hermann verliehen wurden.

In dem letztgenannten Grubenfelde hat seit der Verleihung niemals Betrieb stattgefunden.

In der Grube Oeynhausenzeche wurden im Jahre 1840 die Versuchsarbeiten in der Weise begonnen, dass an verschiedenen Punkten Bohrlöcher niedergestossen wurden. Mit einem derselben, auf dem Banne von Saffig auf dem rechten Netteufer in der Nähe der Rauschenmühle, traf man bei 9,10 m Teufe ein 1,88 m mächtiges Braunkohlenlager, und durch die übrigen Bohrlöcher wurde nachgewiesen, dass ein in der Nähe von Kettig aufsetzendes Lager ebenfalls eine Mächtigkeit von 1,88 m hat, und dass die bei Saffig in der sanften Verflächung von diesem Orte bis zum Nettebache und auf dem rechten Ufer weiter bis unterhalb Miesenheim erbohrten Braunkohlenlager in einer Mächtigkeit von 1 bis 4 m auftreten. Der Betrieb wurde damit eröffnet, dass man auf dem zuerst erwähnten Bohrloche einen Schacht abteufte, das Lager in der erbohrten Teufe erreichte und nun mit zwei Strecken nach Norden und Süden auffuhr. Die nördliche Strecke nach der Nette hin hatte bald die Grenze des Lagers erreicht, während die südliche Strecke bei abwechselnder Mächtigkeit des Lagers von 1 bis 1,6 m und östlichem steilen Einfallen 41,8 m aufgefahren wurde. Wegen Wettermangels musste der Schacht No. 2 abgeteuft werden, welcher dann auch bei 11 m Teufe mit der südlichen Strecke zum Durchschlage kam. Letztere wurde 27 m weiter im Süden vorgetrieben, wobei das Lager in seiner Mächtigkeit noch immerfort wechselte und die Braunkohle mit Thon sehr verunreinigt war. Da hier abermals Wettermangel eintrat, so wurde der Schacht No. 3 niedergebracht, welcher das Lager bei 12,5 m erreichte. Nach Süden fuhr man noch 25 m weiter auf und erreichte hier die südliche Grenze des Lagers. Durch mehrere nach Westen getriebene Strecken fand man, dass der Schacht No. 3 auf der Spitze eines kleinen Sattels stand, und dass die Grenze des Lagers sich in einem Bogen westlich um die südliche Strecke hinzieht. Da man wegen des starken östlichen Einfallens und der dadurch vor Ort auftretenden Wasser keine Strecken in Osten zur Aufschliessung dieses Feldtheiles treiben konnte, der Abbau in dem bereits vorgerichteten Theile auch schon im Gange war, so begann man, die Untersuchung nach Osten durch Bohrlöcher vorzunehmen. Nach mehreren vergeblichen Versuchen durchbohrte man etwa 58,5 m östlich des Schachtes No. 1 bei 24 m Teufe ein 4,5 m mächtiges, durch Thon in mehrere Bänke getrenntes Braunkohlenlager. Etwas näher an dem zu dieser Zeit bereits wieder verstürzten Schachte No. 1 hatte man schon früher bei 10,5 und 21 m östlicher Entfernung in nicht näher bezeichneter Teufe ein Lager von 3,8 bezw. 5,7 m Mächtigkeit erbohrt; man fand sich bewogen, auf das erste, nur 10,5 m von dem frühern Schachte entfernt, einen neuen Schacht Nr. 5 abzuteufen, und erreichte auch mit demselben bei 13,6 m Teufe ein 4 m mächtiges Lager, welches aber durch Thon sehr verunreinigt war. Mit einer 15—17 m östlich des 24 m tiefen Bohrloches getriebenen Strecke fand man die Kohle durch die wellenförmige Auflagerung des Thones in ihrer Mächtigkeit sehr wechselnd, theilweise sogar ganz verdrückt und ausserdem so unrein, dass sie kaum benutzt werden konnte. Nach Süden untersuchte man von dieser Strecke aus das Lager auf eine Länge von 62 m und teufte hier wieder einen Schacht Nr. 6 ab, fand aber, dass das Verhalten sich nicht änderte. Weitere Versuchsstrecken nach Süden zeigten das Lager in einem gänzlich verdrückten und unreinen Zustande, so dass man die unterirdischen Versuchsarbeiten in dieser Richtung aufgab und nur von Tage aus Bohrlöcher niederstiess, welche aber ohne Resultat blieben. Dagegen lieferten die Bohrlöcher im östlichen Feldestheile günstigere Aufschlüsse. An zehn verschiedenen Punkten in dem Wiesenthälchen unterhalb Saffig, 1000—1200 m südöstlich vom Schachte Nr. 6 entfernt, erbohrte man 1, 1½, 2 und 2½ m mächtige Lager, und namentlich in einem Bohrloche im Distrikte Leyendrisch bei einem Britzbruche eine 3,8 m mächtige Lagerstätte in einer Teufe von 33 m. Man entschloss sich deshalb, den bisherigen Betriebspunkt zu verlassen und in der Nähe des letzteren Bohrloches einen neuen Schacht abzuteufen. Mit diesem — dem Angelikaschachte — gelangte man durch die gewöhnlichen Auflagerungsschichten, Britz, Bimsstein, plastischer Thon mit Braunkohle vermengt, bis zu einer Teufe von 25,3 m, konnte aber nicht weiter absinken, weil die meistens aus den oberen Bimssteinschichten zuströmenden Wasser so stark wurden, dass dieselben durch Tonnen nicht mehr gehalten werden konnten. Mit einem in 10,5 m Entfernung angesetzten Hülfsschachte, in welchem man gegen die Bimssteinschichten eine wasserdichte Zimmerung anbrachte, kam man 32,5 m tief und durchteufte mit demselben zwei Lager von je 1,6 m Mächtigkeit, wovon das obere eine mildere, röthliche, mehr durch Einwirkung des überlagernden Thones veränderte, jedoch zum Klüttenformen brauchbare Braunkohle lieferte, während das zweite Lager stückreichere Kohle führte. Mit dem Schachttiefsten stand man in einem dritten Lager, über dessen Mächtigkeit und Beschaffenheit noch keine Aufschlüsse erzielt wurden. In dem Hülfsschachte erschienen die Lager fast horizontal, während sie im Angelikaschachte ein Streichen h. 5 zeigten und gegen Süden schwach einzufallen schienen. Nach dem Auffahren mehrerer kurzer Strecken in den oberen Lagern wurden die Wasserzuflüsse so stark, die Wetter so stickend und das Gebirge so druckhaft, dass man in der zweiten Hälfte des Jahres 1848 den Betrieb einstellte.

In dem Grubenfelde Antonius eröffnete man im Jahre 1843 die Versuchsarbeiten durch Niederstossen einiger Bohrlöcher in der Nähe des Dorfes

Kettig am Wege nach Weissenthurm und erbohrte mit einem derselben in 9,5 m Teufe ein 63 cm mächtiges Braunkohlenlager. Weiter nach Weissenthurm wurde bald nachher ein zweites, 1,6 m mächtiges Lager in 31,4 m Teufe erbohrt. Um letzteres weiter aufzuschliessen, ging man an dem ersten Fundpunkte mit einem Schachte nieder und erreichte bei 25,8 m Teufe unter starken Wasserzuflüssen und bei sehr schlechten Wettern ein Lager, welches stark mit Thon gemengt war, vielen Schwefelkies führte und durchaus unbauwürdig war. Mittlerweile hatte man in der Nähe von Saffig, durch die günstigen Erfolge im Felde Oeynhausenzeche angelockt, ein Bohrloch 44 m niedergebracht, aber nur das Vorhandensein von Thon nachgewiesen. Um nun in dem Schachte die tiefer gelegenen Schichten zu untersuchen, stiess man vom Schachttiefsten aus ein Bohrloch 6,3 m weiter nieder und erreichte damit ein drittes Braunkohlenlager. Der darauf weiter abgeteufte Schacht schloss das Lager in einer Mächtigkeit von 2 bis 2½ m auf; das Verhalten war ein günstiges, da die Kohle leicht brennbar war und viele Stückkohlen fielen. Der starken Wasser wegen brachte man in 21 m Entfernung auch hier einen Hülfsschacht nieder, welcher das Lager in derselben guten Beschaffenheit durchteufte. Bei der Wiederaufnahme des Betriebes, welcher bis zum Jahre 1847 ruhte, wurde in 10,5 m Entfernung von dem alten Hülfsschachte ein neuer Schacht abgeteuft, mit welchem man bei 32,7 m Teufe das dritte Lager unter starkem Wasserzudrange erreichte und in einer Mächtigkeit von 2,5 m durchteufte. Die Kohle kam hier in grösseren Stücken vor und zeigte an einzelnen Stellen eine vollständig schwarze Farbe.

Nach einem abermaligen, durch Geldmangel veranlassten zweijährigen Stillstande des Betriebes eröffnete man denselben wieder im Jahre 1849 im Distrikte Bungert. Das Lager wurde durch eine einfallende, 17 m lange Strecke und die südliche und nördliche Grundstrecke untersucht, wobei sich ein Streichen h. 12 und ein Einfallen unter 25° gegen Osten ergab, bei 1,3 m Mächtigkeit. Die Kohle war von mittelmässiger Beschaffenheit. Nach Süden verdrückte sich das Lager bald, und nach Norden zeigte dasselbe schon bei 6 m Entfernung ein so steiles Einfallen gegen Norden, dass man den Betrieb ohne grosse Förderungs- und Wasserhaltungskosten nicht fortführen konnte. Im Jahre 1851 erschürfte man bei Bohrversuchen auf plastischen Thon unterhalb des Distrikts Bungert, am Wege von Kettig nach Weissenthurm, ein Braunkohlenlager von geringer Mächtigkeit und erreichte mit einem Schachte bei 12,7 m Teufe ein 1,5 m mächtiges Lager ziemlich guter, milder Braunkohle. In einer nördlichen, östlichen und westlichen Entfernung von 25 m wurde dasselbe durch den überlagernden Thon verdrückt, legte sich aber nach 4 m weiterer Entfernung wieder in einer Mächtigkeit von 1 bis 2 m an, um sich nach weiteren 23 m abermals zu verdrücken. Bei diesen Arbeiten wurde eine Störung durchfahren, welche das Lager etwas über 1 m in's Liegende verwirft. Der schlechten Wetter wegen wurde die Grube im

Jahre 1852 wieder ausser Betrieb gesetzt, worauf die Grubenbaue durch plötzliche Wasserzuflüsse ersoffen. Ein Versuch, die Wasser abzudämmen, misslang vollständig. Seitdem ist die Grube gänzlich verlassen. —

Ein vereinzeltes Vorkommen von Braunkohle findet sich bei Wolscheid im oberen Brohlthale bei der Ruine Olbrück. Das Liegende derselben ist aber nicht Thon, wie das Hangende, sondern zersetzter Schiefer des Grauwackengebirges. Schon in früheren Zeiten war an dem oberen linken Gehänge des Wolscheider Baches ein Stollen nach Norden getrieben worden; diesen wältigte man im Jahre 1841 wieder auf und fand, dass bei 21 m Länge das erste, 1,8 m mächtige, und bei 31,5 m Länge das zweite, 1,4 m mächtige Braunkohlenlager überfahren worden war. Auf der mächtigeren Lagerstätte trieb man die westliche Grundstrecke 5,3 m vor und brachte dann ein Gesenk 5,3 m flach nieder, wobei sich die Mächtigkeit bis zu beinahe 2 m vergrösserte; die Versuchsarbeiten wurden jedoch ausser dem kurzen Weitertreiben der westlichen und einem kleinen Versuche in der östlichen Grundstrecke nicht weiter fortgesetzt. Erst im Jahre 1856 teufte man in der Nähe des Perlhofes einen Schacht 7,3 m tief ab und traf mit demselben ausser dem überlagernden Gebirge 94 cm Braunkohle, 1,1 m plastischen Thon, 1,6 m Braunkohle, 3 cm bituminösen Schiefer und wieder 1,6 m Braunkohle. Beim Auffahren der Grundstrecken fand man, dass die Lager eine Mulde bilden, welche unter 30° gegen Nordosten einschiesst. Nach Osten hin schlug man bald in alten Mann ein, während man nach Westen hin den Abbau begann. Der Absatz der gewonnenen Braunkohle war jedoch gering, und so blieb das Werk wieder liegen bis zur zweiten Hälfte des Jahres 1858. Der Schacht wurde jetzt 3,1 m vertieft, das Lager wieder ausgerichtet und die westliche Grundstrecke aufgefahren. Obwohl die Mächtigkeit bis zu 2,1 m anwuchs, so wurde der Betrieb doch nur während einiger Monate unterhalten und dann die Grube eingestellt.

Ueber dieses eigenthümliche Vorkommen sagt v. Dechen im geognostischen Führer zu dem Laacher See S. 228 Folgendes:

„Die Lager bestehen aus dunkeln, zwischen erdiger Braunkohle und dem gewöhnlichen Torfe die Mitte haltenden conglomerirten Massen mit einem dunkleren, humusartigen, erdigen Bindemittel, welche den erdigeren Braunkohlen-Varietäten sehr ähnlich sehen. Darin liegen zahlreiche Fragmente deutlich erkennbarer Moosarten, welche ebenfalls ganz braunkohlenartig aussehen. An Pflanzenresten werden hierin erwähnt (C. O. Weber: Die Tertiärflora der Niederrhein. Braunkohlenformation, S. 111 bis 116): Eichenblätter, Holzfragmente von Betula alba und Alnus glutinosa, Zapfen von Coniferen, welche denen von Pinus sylvestris, Picea vulgaris und Larix Europaea gleichen. Der Zapfen von Picea vulgaris weicht in der Form der Schuppen etwas ab und kommt mit Piceitis geanthracis Göpp. fast überein, welcher in der Schlesischen Braunkohle vorkommt. Die Samen sind deutlich erhalten, nur hat die ganze Masse etwas schwärzlich Verkohltes. Ferner finden sich darin: Samenkörner von Menyanthes trifoliata, nur ein wenig länglicher, als die lebenden, ein Rhizom, welches an diejenigen von Scirpus, Eriophorum und Carex erinnert, besonders an die Arten, bei welchen die Internodien kürzer sind, Hypnum Weberianum Göpp., Hypnum Noeggerathii Hübener und Göpp., wenig abweichend von den Varietäten des lebenden Hypnum aduncum, Cryptothecium antediluvianum Hübener, dem lebenden Sphagnum zunächst verwandt; Flügeldecken von Käfern, die grösseren erinnern an Pterostichus vagepunctatus, die kleineren an Anchomenus orphanus Heer von Oeningen. Hiernach gelangt C. O. Weber zu dem Schlusse, dass dieses Braunkohlenvorkommen nicht den rheinischen Tertiärgebilden angehöre, sondern unbedingt für jünger anzusehen sei. Die Moose möchten es vielleicht als tertiär ansprechen lassen, jedenfalls wäre es dann pliocän."

„Auch nach den mikroskopischen Untersuchungen von Ehrenberg (Sitzungsberichte der Berl. Akad. 1846, S. 158. Tab. II) ist diese Substanz vom Torfe verschieden und enthält mehrere Formen, welche in den Tuffen am Hochsimmer ebenfalls vorkommen und dagegen in den Oberflächenbildungen fehlen. Es fanden sich folgende Arten:

Kieselschalige Polygastrica 9: Chaetotyphla saxipora, Disclopea comta, Fragilaria rhabdosoma, Gallionella varians, Gomphonema gracile? Pinnularia viridis? Synedra Ulna, Trachelomonas laevis, Trachelomonas volvocina. — Weichschalige Polygastrica 1: Arcella aculeata. — Kieselerdige Phytolitharia 17: Amphidiscus armatus, Amphidiscus clava, Amphidiscus Martii, Amphidiscus Rotula, Lithosteriscus tuberculatus, Lithodontium rostratum, Lithostylidium Amphiodon, Lithostylidium Clepsammidium, Lithostylidium Ossiculum, Lithostylidium rude, Spongolithis acicularis, Spongolithis apiculata, Spongolithis Aratrum, Spongolithis aspera, Spongolithis inflexa, Spongolithis mesogongyla, Spongolithis philippensis."

„Von diesen 27 Formen sind 17 mit den fossilen der Tuffe am Hochsimmer gleichartig, 10 fehlen in denselben. Neue Arten befinden sich nicht darunter. Alle Formen gehören den Süsswasserbildungen an und sind nur einzeln in weiche Pflanzenmasse eingestreut, worunter auch Fichten-Pollen."

Der die Braunkohlenformation begleitende und wie diese weit verbreitete tertiäre Sand wird nur in der Gegend von Cottenheim in einigen Gruben gewonnen und in die Umgegend als Streu- und Putzsand verfahren.

Flussgeschiebe, Löss, Lehm und Kalktuff.

Ueber der Braunkohlenformation abgelagert, auch direkt das Grauwackengebirge überdeckend, treten an vielen Punkten Flussgeschiebe auf. Namentlich sind es die Gehänge von Rhein und Mosel und von den zufliessenden Gewässern, welche selbst bis auf grössere Entfernungen und bis zu der bedeutenden Höhe von mehr als 160 m damit bedeckt sind. So befindet sich unterhalb Mayen an der Reifsmühle eine solche Ablagerung wohl 18 bis 20 m über der Thalsohle der Nette. Die Geschiebe bilden mitunter Bänke von über 3 m Mächtigkeit, die einzelnen Stücke haben meistens die Grösse einer Wallnuss bis zu einer Faust und sind länglich flach abgerundet. Da sie an vielen Stellen von Löss oder Lehm überlagert sind, so wird ihr Vorkommen viel häufiger sein, als bekannt ist. Wo die Lage eine für die Abfuhr günstige ist, wie zwischen Güls und Metternich an der Mosel, werden die Geschiebe zu Wegeüberschüttungen verwendet.

Lehm und Löss, welche über den hochliegenden Flussgeschieben lagern und also auch jünger sind, als diese, treten nur ungeschichtet auf, ihre Mächtigkeit wechselt von einfachen Streifen bis zu 20 m und mehr. Auch sie sind ebenso weit und wohl noch weiter verbreitet, als die Flussgeschiebe und bedingen namentlich den Rhein entlang von Brohl bis Bubenheim und die Mosel aufwärts bis Hatzenport die Fruchtbarkeit des Erdbodens. Der Kalkgehalt wird an den Moselgehängen zuweilen so bedeutend, dass man hin und wieder den freilich misslungenen Versuch gemacht hat, die in der Ablagerung vorkommenden Kalknieren zum Kalkbrennen zu benutzen.

Bemerkenswerth sind die neuerdings gemachten Funde von Resten des Rhinoceros, Equus, Cervus tarandus und Elephas primigenius in einer Lehmgrube bei Moselweis, vom Reviere nur durch die Mosel getrennt, die auch den Schädel des Moschusochsen geliefert hat. Nach Schaaffhausen (Sitzungsberichte der niederrheinischen Gesellschaft für Natur- und Heilkunde im 38. Jahrgang der Verhandlungen des naturhistorischen Vereins der Preuss. Rheinlande und Westphalens S. 232) entspricht die Oertlichkeit der Fundstelle einem alten Hochufer des Moselflusses; die meisten Knochen liegen zwischen einzelnen scharfkantigen Flussgeschieben.

Nur an ganz wenigen Punkten, im Brohlthale, am südlichen Rande des Laacher Sees und westlich von Obermendig, treten, wohl meistens als Quellenabsatz, Kalktuffe auf, welche jedoch nirgends eine besondere Mächtigkeit erreichen.

Von dem am Laacher See in einzelnen Stücken aufgefundenen oolitischen Jurakalk ist durch Th. Wolf (Die Auswürflinge des Laacher Sees. Zeitschr. d. deutschen geol. Gesellschaft 1867 und 1868 S. 490) und L. Dressel (Geognostisch-geologische Skizze der Laacher Vulkangegend. Münster 1871. S. 18 u. 19) nachgewiesen, dass er aus den Ardennen stammt und von den Römern herbeigeführt worden ist, welche in den Rheingegenden einen ausgedehnten Gebrauch davon gemacht haben.

Vulkanische und hiermit verwandte Trümmergesteine.

Das rheinische Schiefergebirge ist im Reviere vielfach von vulkanischen Gesteinen durchbrochen, welche theils als Kuppen von mässiger Ausdehnung hervortreten, theils die unterdevonischen Schichten in Strömen oder als Auswürflinge überdecken. Die Verbreitung dieser verschiedenen Gesteine reicht vom Fornicherkopfe bei Brohl im Norden bis zur Falkenley bei Bertrich im Süden, von der Rauschenmühle bei Miesenheim und vom Brückstücke und Hausbornthale bei Winningen im Osten bis zur hohen Acht und den Eifeler Maaren im Westen.

1. Basalt.

Ausser dem vereinzelten Basaltvorkommen bei Mertloch und dem Burgberge bei Trimbs, sowie im nördlichen Theile des Reviers am Steinbergskopfe bei Niederlützingen und bei Burgbrohl ist namentlich die Westgrenze fast wie besäet mit Bergspitzen, welche aus Basalt bestehen und an ihrer kegelartigen, oben oft abgestumpften Form schon von Weitem erkennbar sind. Von der hohen Acht im Norden bis in die Nähe von Lutzerath im Süden, auf eine Länge von beinahe vier Meilen, reiht sich Kegel an Kegel, und es dürfte die Zahl dieser meistens bewaldeten Basaltkuppen mehr als hundert betragen. Nimmt man den Laacher See als den grossen Heerd und Mittelpunkt der vulkanischen Erscheinungen in dieser Gegend an, so umgiebt ihn in einer Entfernung von 20 bis 40 km halbmondförmig ein Gürtel von vulkanischen Gesteinen, welchem sich in weiterer Entfernung die nördlich an der Ahr auftretenden Kuppen, und die Basaltvorkommen von Unkel und dem Siebengebirge anschliessen.

Zu den eigentlichen Plagioklasbasalten gehören unter andern die Vorkommen von der Nürburg, vom Brückenköpfchen bei Kelberg und vom Hochpochten im Walde zwischen Uelmen und Kaisersesch, zu den Nephelinbasalten diejenigen vom Herchenberg bei Burgbrohl, von der Käsegrotte und der Falkenley bei Bertrich. Ein dritter Typus, derjenige der Leucitbasalte, wird unter der Abtheilung der Lavaströme näher besprochen werden.

Ueber die interessanten magnetischen Eigenschaften einer Anzahl von Basaltkuppen, besonders derjenigen der Nürburg, hat Zaddach in den Verhandlungen des naturh. Vereins für Rheinland und Westphalen (Jahrg. VIII. 1851. S. 195 ff.) höchst schätzenswerthe Mittheilungen gemacht.

Nur an wenigen Punkten, z. B. am Wolfsberg bei Kaisersesch, bei Burgbrohl und Kelberg, wird Basalt gebrochen und als Strassenmaterial, verwendet. Ein schönes, säulenförmiges Vorkommen findet sich am Steinbergskopfe bei Niederlützingen, wo augenblicklich eine lebhafte Gewinnung, vor sich geht, und von wo das Produkt auf einer Eisenbahn von 75 cm Spurweite zur weiteren Versendung hauptsächlich nach Holland an den Rhein und nach Niederbreisig an die rheinische Eisenbahn transportirt wird.

2. Trachyt, Phonolith und Leucitgesteine.

Die Basaltreihe in der höheren Eifel wird in ihrem südlichen Theile bei Kelberg von vereinzelten Trachytvorkommen unterbrochen, welche als weniger bedeutende Oberflächen-Erhebungen erscheinen und hauptsächlich als Sanidin-Oligoklastrachyte entwickelt sind. Westlich des hohen Kelberges lehnen sich drei Trachythügel an, nördlich von Kelberg an der linken Seite der Strasse nach Adenau tritt Trachyt in etwas grösserer Masse auf, an der linken und rechten Seite der Strasse von Kelberg nach Boos sind von Basaltkuppen mehrere Trachythügel eingeschlossen, nördlich hiervon bildet der Trachyt bei Reimerath einen durch Erosion entstandenen Kessel, und von hier in der Richtung nach der hohen Acht zeigt er sich nördlich von Welcherath zum letzten Male.

In der Umgebung des Laacher Sees kommen regelmässig gelagerte, graue, sandige Tuffe vor, welche zahlreiche rundliche Stücke (Bomben) eines grauen Trachyts, in dem viele weisse Sanidinkrystalle liegen, enthalten. Diese Sanidintrachytstücke besitzen (v. Dechen, Geognostischer Führer zum Laacher See, S. 61 u. 84) zum Theil eine ansehnliche Grösse, gehen aber bis zu feinen Körnern herab und sind allgemein bekannt durch den Einschluss vieler, zum Theil seltener Mineralien. S. das Nähere hierüber unten S. 47.

An einzelnen Stellen wird Trachyt gewonnen und findet namentlich als Strassenmaterial Verwendung.

Wenn nun das Vorkommen des Trachyts sich durch weniger hohe Erhebungen charakterisirt, so nähert sich das Auftreten der Phonolith- und Leucitgesteine wieder mehr dem des Basaltes, indem dieselben hohe Bergspitzen bilden. Sie treten nur westlich des Laacher Sees auf, und zwar zählt man hier auf kaum anderthalb Stunden Entfernung von demselben deren vierzehn; die fünfzehnte Kuppe ist der hohe Selberg, welcher sich vereinzelt in der grossen Eifeler Basaltreihe, etwa vier Stunden vom Laacher See, 477 m hoch erhebt.

v. Dechen sagt hierüber S. 11 seines Führers zum Laacher See: „Einige Berge, deren Gesteine durch Nosean, Leucit und Granat sehr ausgezeichnet sind, bilden eine kleine Partie am nordwestlichen Ende des vulkanischen Gebietes; einige treten aus dem Devonschiefer hervor, andere sind theilweise mit eigenthümlichen Tuffen umgeben, die südlichen befinden sich inmitten einer grossen Tuffpartie. Die meisten dieser Gesteine haben ungeachtet der besonderen darin eingeschlossenen Mineralien so viele Analogieen mit dem Phonolith, dass sie füglich mit diesem Namen bezeichnet werden können; auf andere kann dieser Namen dagegen kaum angewendet werden, und sie würden eher als Leucitophyr zu bezeichnen sein. Sie nehmen eine eigenthümiche Stellung zwischen Trachyten, Leucitophyren, Phonolithen und Hauyngestein ein, dass es schwierig ist, sie einer der grossen Gesteinsklassen zuzuweisen."

Der Schillkopf, Englerkopf, Lehrberg, Olbrück, Burgberg, Schorenberg, und Gänsehals sind die bedeutendsten Erhebungen dieser Gesteine. Die meisten derselben, namentlich diejenigen vom hohen Selberg, Englerkopf, Olbrück, Burgberg und Schorenberg werden gegenwärtig zu den Leucitophyren gerechnet und wurden früher wegen ihres Gehaltes an Nosean als Noseanphonolithe bezeichnet.

Ein von dem vorhergehenden ganz verschiedenes, eigenthümliches Vorkommen zeigt sich am Perlerkopfe und der Hannebacher Ley, 9 km vom Laacher See nordwestlich entfernt.

Ueber diese äusserst interessanten Gebirgsarten sagt v. Dechen unter Bezugnahme auf die Untersuchungen des Professors G. vom Rath (Zeitschr. der deutschen geol. Gesellschaft. Bd. 14. 1862. S. 638. Skizzen aus dem vulkanischen Gebiet des Niederrheins) a. a. O. S. 216 Folgendes: „Das Gestein ist feinkörnig, meist geschlossen, zuweilen auch etwas porös. Die Poren sind klein und wenig zahlreich. An Gemengtheilen, welche die Grösse einer Linie nicht erreichen, wurden erkannt: Nosean, Sanidin (glasiger Feldspath), schwarzer Granat (Melanit), Hornblende, Augit und Titanit. Nosean und Sanidin sind ganz vorwaltend. Der Sanidin erscheint in dem geschlossenen Gesteine als ein feinkörniges Gemenge, die Form der Krystalle ist nicht zu erkennen. In die Poren ragen jedoch wasserhelle, nett ausgebildete tafelförmige Krystalle von $^1/_8$ bis $^1/_2$ Linie Länge hinein. An den dünngeschliffenen Gesteinsplatten liegen in der Grundmasse zahlreiche, farblose Prismen, welche wohl unzweifelhaft dem Sanidin angehören. Der Nosean tritt in grösseren Körnern von $^1/_2$ Linie auf, häufig in kleineren, nur selten in grösseren bis zu $1^1/_2$ Linien. Er zeigt stets regelmässig gebildete Granatoeder. Auf den frischen Bruchflächen erscheint derselbe schwarz, weil die dunkle Grundmasse hindurch scheint. In den geschliffenen Platten ist er durchsichtig. In dem nicht ganz frischen Gestein nimmt der Nosean eine lichtgraue, und bei beginnender Zersetzung eine dunkle oder rothe Farbe an, die an einer dünnen Rinde haftet und in dem Krystalleindruck zurückbleibt, wenn der Krystall selbst entfernt wird. Diese dunkle Rinde der Noseankrystalle zeigt sich an einer geschliffenen Platte $^1/_{20}$ Linie stark und besteht nach der Untersuchung mit polarisirtem Lichte aus einer Substanz, die nicht im regulären System krystallisirt ist. Die den Granatoederflächen parallele Spaltbarkeit des Noseans bewirkt, dass derselbe auf den Bruchflächen des Gesteins stets glänzende Spaltflächen zeigt, welche in die Ebene des Bruches fallen. Der Melanit ist zwar seltener als der Nosean, aber überall in dem Gesteine verbreitet. Die Grösse der Granatoeder, bisweilen mit den Leucitoederflächen verbunden, liegt zwischen $^1/_2$ und 1 Linie und ist im Mittel bedeutender, als die der Noseankörner. Der muschlige Bruch und schwarze Farbe unterscheidet denselben. In den dünngeschliffenen Gesteinsplatten ist der Melanit mit dunkelgrüner Farbe durchscheinend. Die Hornblende tritt in dünnen Prismen auf, welche eine Länge bis zu 2 Linien erreichen. Die Krystallform ist nicht deutlich zu erkennen. In den dünngeschliffenen Gesteinsplatten ist dieselbe lichtgrün durchsichtig. Das polarisirte Licht zeigt, dass die Prismen häufig aus Zwillingen bestehen. Der gelbe Titanit tritt in vereinzelten Körnchen unter $1/2$ Linie und bis über 1 Linie gross auf. In einer geschliffenen Gesteinsplatte zeigt sich ein Querschnitt eines Titanitkrystalles, der aus Zwillingen besteht. Der Augit, zwar nur sehr selten, findet sich in Krystallen von gewöhnlicher Form, 1 bis zwei Linien gross, zusammen mit Hornblende. Gesteinsstücke, die längere Zeit in Chlorwasserstoffsäure gelegen haben, lassen die Sanidintafeln deutlicher hervortreten. Die Noseankörner sind sehr angegriffen, wenn auch nicht ganz verschwunden. Der gänzliche Mangel an Magneteisen verdient hervorgehoben zu werden. Das specifische Gewicht beträgt 2,64. Die chemische Analyse des ganzen Gesteins liefert:

Kieselsäure	48,95
Schwefelsäure . . .	1,24
Chlor	0,37
Thonerde	18,43
Eisenoxyd	9,10
Kalkerde	6,42
Magnesia	1,43
Kali	6,90
Natron	6,51
Wasser	1,79
	101,14

Es ist dabei zu bemerken, dass, wenn der ganze Eisengehalt als Eisenoxydul berechnet wird, dasselbe 8,19 Procent betragen würde. Der Sauerstoffquotient beträgt, wenn das Eisen als Eisenoxyd angenommen wird, 0,618 — nahe übereinstimmend mit der Nephelinlava von Niedermendig — und wenn das Eisen als Eisenoxydul angenommen wird, 0,584. Der in verdünnter Chlorwasserstoffsäure lösliche Theil beträgt 50,11 %
der unlösliche Theil beträgt 49,89 %

zusammen 100.

Das Gestein lässt sich betrachten als zusammengesetzt aus:

Nosean . . .	50 %
Sanidin . . .	24 %
Melanit . . . } Hornblende u. } Augit . . . }	26 %
zusammen	100.

und wird Nosean-Melanit-Gestein genannt, der Abtheilung der Leucitophyre aber zugerechnet.

Und weiter heisst es S. 221:

„Die Hannebacher Ley ist durch eine Einsenkung, in welcher Devonschiefer ansteht, von der höheren Kuppe des Perlenkopfes getrennt und durch grosse Steinbrüche an der Süd- und Ostseite geöffnet. Das Gestein ist poröser, rissiger, als dasjenige des Perlenkopfes, mit kleinen unregelmässigen Drusenräumen durchzogen. In dieser Beziehung ist es der Mühlsteinlava von Niedermendig und dem Melilith und Nephelin enthaltenden Gesteine vom Herchenberge zu vergleichen. Sonst ist das Gestein ganz wesentlich von dem des Perlenkopfes durch seine Zusammensetzung verschieden. Nach der Untersuchung des Professors G. vom Rath (a. a. O. S. 672) kommen in der Grundmasse nur sehr selten kleine Hornblendeprismen, sonst keine andere ausgeschiedene Krystalle vor. Dieselbe zeigt unter der Lupe und in den geschliffenen Platten vier Mineralien: wahrscheinlich eine Species von Feldspath, weiss, farblos, Prismen bildend; Augit in lichtgrünen Prismen; Magneteisen, in undurchsichtigen, schwarzen, regelmässig begrenzten Körnchen, und endlich kleine gelbe Krystallkörner in symmetrischen Sechs- und Achtecken. Die Bestimmung derselben ist zweifelhaft geblieben."

Nach Zirkel (Untersuchung über die mikroscopische Zusammensetzung und Struktur der Basaltgesteine S. 179) ist das farblose, feldspathähnliche, alkalienreiche Mineral kein Feldspath, sondern der farblose Nephelin, die gelben Krystallkörner sind Melilith, und der Kaligehalt des löslichen Antheils ist auf den Leucit zuschieben, so dass hier ein Nephelinitgestein bekannt geworden ist.

3. Schlackenlava.

Mit dem Auftreten der Bergspitzen, welche aus Schlackenlava bestehen, zieht sich der Kreis immer enger um den Laacher See, und es sind in grösseren Entfernungen nur zwei Erhebungen bei Boos am Wege von Mayen nach Kelberg, zwei bei Drees an der Strasse von Mayen nach Adenau, drei bei Wolmerath und Wagenhausen an der Strasse von Lutzerath nach Daun, welche alle den Vulkanen der höheren Eifel angehören, und dann das Vorkommen bei Bad Bertrich zu verzeichnen. Mit wenigen Ausnahmen zeigen dieselben nach irgend einer Seite hin eine Krateröffnung, und manche derselben haben deren sogar zwei aufzuweisen. Von allen Krateren ist jedoch keiner vollständig geschlossen, sondern ein mehr oder weniger grosser Theil des Randes von der ausströmenden Lava mitgerissen.

Man zählt dieser Schlackenkegel in der Nähe des Laacher Sees mehr als vierzig; viele derselben sind durch Steinbrüche aufgeschlossen, worin das festere und dichtere Material zu Bausteinen bearbeitet und der feinere Sand zur Mörtelbereitung benutzt wird. Da die Masse sehr porös, blasig und am äusseren Gebirgsrande wenig zusammenhängend ist und in ihrer Absonderung allerlei eigenthümlich gedrehte und gewundene Figuren bildet, so finden dieselben vielfach Absatz und sind unter dem Namen „Krotzen“ weit bekannt und mit ihrer rothbraunen Farbe und den goldglänzenden Glimmerblättchen als Verzierungen in Gärten und an Gräbern, zur Bildung von Grotten etc. sehr beliebt.

Eine ziemlich bedeutende Gewinnung findet in den Krotzenbrüchen am Camillenberge bei Ochtendung, auch bei Saffig, Plaidt, Eich, Nickenich u. a. O. statt.

In den meisten Schlacken finden sich als Einschlüsse perlmutterartige, goldglänzende oder tombakbraune Glimmerblättchen; seltener sind Augit, Hornblende, Sanidin, Titanit, Eisenglanz, Bucklandit oder Apatit.

4. Lava in Strömen.

Es sind im Reviere mehr als vierzig einzelne Lavaströme bekannt, welche alle, mit Ausnahme des Stromes bei Bertrich, der Umgebung des Laacher Sees angehören. Von ihnen sind die meisten, namentlich die Vorkommen vom Bausenberg, Forstberg, Veitskopf, Diefelderstein, Hochsimmer, Niedermendig, Kunksköpfe, Fornicherkopf, Glees, Krufter Hummerich, Kappesstein, Tauber- und Camillenberg, den Leucitbasaltlaven zuzurechnen. Von diesen gehören die sechs ersten zu den plagioklasfreien, die übrigen zu den plagioklasführenden Leucitbasalten.

In früheren Jahren wurde der Lavastrom des Veitskopfes nordwestlich des Laacher Sees an dem Wege von Wassenach nach Glees bebaut, und man machte auch den Versuch, Mühlsteine daraus anzufertigen. Das Gestein war jedoch wegen seiner Härte und Dichtigkeit schwierig zu bearbeiten, und die Dimensionen der einzelnen Lavaschienen, wie man die säulenförmige Absonderung der Lava nennt, waren zu gering, um grössere Mühlsteine anfertigen zu können. Auch die Nephelinbasaltlava von Bertrich scheint, nach einem dort gefundenen Mühlsteine zu schliessen, in früheren Jahrhunderten als solche Verwendung gefunden zu haben. Ein bedeutenderer Betrieb hat sich seit dem Jahre 1853 im Distrikte Windfeld zwischen Cottenheim und Ettringen auf der dortigen Leucitbasaltlava entwickelt. Schon in grauer Vorzeit muss hier ein ziemlich blühender Bergbau stattgefunden haben, da viele verschüttete Steinbrüche, auf welchen wieder mächtige Eichen und Buchen gewachsen sind, darauf hindeuten. Auch findet man hin und wieder kleine, lang gezogenen Zuckerhüten ähnliche Mühlsteine, welche, da sie eine convexe Grundfläche haben, wohl als Läufer mit der Hand auf dem Bodensteine gedreht wurden. Bei dem Bau der oberen Eisenbahnbrücke über den Rhein bei

Coblenz wurden im Jahre 1876 bei der Herstellung des durch die Coupirung des linken Rheinarmes nothwendig gewordenen Inundationsterrains auf der Insel Oberwerth etwa 2,5 m unter der Oberfläche viele dieser Zuckerhüte gefunden, welche jedoch eine concave Grundfläche hatten, so dass anzunehmen ist, dass diese als Bodensteine zwischen den Oberschenkeln festgehalten wurden, und dass man nun mit einem kleineren Steine in der Hand das Getreide zerrieb. An keinem anderen Punkte, als auf dem Windfelde, sind diese Steine gefunden worden, so dass hier vielleicht die erste Steinhauerhütte für Mühlsteine zu suchen ist.

Andere wichtige Gewinnungspunkte auf den Leucitbasaltlava-Strömen befinden sich am Plaidter Hummerich, am Corretsberg, im linken Nettethale bei Miesenheim, am Fusse des Langenberges bei Ochtendung, am Brückstück bei Winningen, woher unter Erzbischof Balduin von Trier im Jahre 1344 das Material zum Bau der Moselbrücke bei Coblenz genommen worden sein soll, ferner links des Weges von Mayen nach Ettringen, nordwestlich von St. Johann, am Nastberge bei Eich und ganz besonders bei Mayen und Niedermendig. Die überlagernden Schichten, welche meistens aus Bimsstein und Löss bestehen, sind nirgends sehr bedeutend ausser an den drei letzten Orten.

Bei Eich, wo die Gewinnung nur durch Tagebau stattfindet, folgen die über der Lava liegenden Schichten nach Steininger (Geognostische Beschreibung der Eifel S. 104) von oben nach unten einander folgendermassen:

1. Schichten von Bimssteinauswürfen . .	5 par. Fuss	=	1,6 m
2. Lehm oder Löss mit Knochen von vorweltlichen Elephanten (Elephas primigenius)	20 „ „	=	6,5 m
3. Conglomerat aus Lava-, Quarz- und Thonschieferstücken	1—2 „ „	=	0,3—0,7 m
4. Schlackige Lavamassen	10 „ „	=	3,2 m
5. Darunter die zusammenhängende poröse Lava	10 „ „	=	6,5 m

Bei Mayen sowohl, als auch bei Niedermendig wechseln die überlagernden Schichten in ihrer Mächtigkeit oder einzelne fehlen ganz, je nachdem ein Theil derselben sich in geringerer Stärke abgelagert hat, vielleicht ganz fehlt oder auch in einer Zwischenperiode abgelagert worden ist.

Für das Lavafeld bei Mayen kann man den Normalquerschnitt einer Grube folgendergestalt annehmen:

1. Dammerde mit vulkanischen Bestandtheilen gemengt . . .	1,0 m
2. Bimsstein in losen Stücken	1,0 m
3. Lavagerölle (Mucken)	6,0 m

Transport:	8,0 m
4. Das Siegel, Deckstein oder Glocken genannt, kleinere Lavasäulen von 40 bis 50 cm Stärke, deren horizontalwellenförmige Seitenflächen die Sicherheit der Decke bedingen . .	2,5 m
Lavaschienen von 2 bis 3 m Stärke	9,0 m
Dielstein, dichte feste kleinporige Lava	3,0 m
	22,5 m.

Dieser Dielstein ist in dem Müller'schen Bierkeller an dem Stationsgebäude der rheinischen Eisenbahn bei Mayen durchteuft worden; unter demselben fand sich Lehm mit Lava- und Schlackenstücken 0,5 m, schwarzer, sehr feiner Magneteisensand mit vielen Stücken von Grauwackensandstein 0,3 m, und darunter rother Thon mit kleinen Stückchen Brauneisenstein und gelber, rothgefleckter Thon mit Einschlüssen von Lava.

Für das Lavafeld bei Niedermendig gestaltet sich der Normalquerschnitt einer Grube in folgender Weise:

1. Dammerde	0,3 m
2. Bimssteinschichten	3,0 m
Darin, nach v. Dechen S. 318, Stücke von Lava, Schlacken, Augit, Hornblende, glasigem Feldspath, Magneteisenstein, Titanit (Sphen), ferner Devonsandstein, Quarz, Schwerspath.	
3. Lehm, Britz- oder Bandreif genannt	0,2 m
4. Bimssteinschichten, wie vorher	8,0 m
5. Lehm	0,5 m
Die beiden Lehmschichten werden für alte Dammerde gehalten, weil in der darüber liegenden Schicht hin und wieder Baumstämme oder Höhlungen, welche von diesen herrühren, gefunden werden. Ausserdem finden sich in denselben Thierknochen, Pferdezähne, Hirschgeweihe, ja es fand sich sogar einmal der Stosszahn eines Elephanten.	
6. Lavablöcke, Mucken	2,0 m
7. Das Siegel, Deckstein oder Glocken genannt, wie bei Mayen	2,5 m
8. Lavaschienen, 2 bis 3 m Durchmesser	13,0 m
9. Dielstein	4,0 m
	33,5 m.

In der sogenannten Oligschlägerskaule, sowie in den Brunnen der Bierbrauereien der Brüdergemeinde zu Neuwied und von Brewer zu Niedermendig traf man unter diesem oberen Lavastrom noch auf einen zweiten und in dem Brunnen der Mengelbierschen Brauerei, welche später in den Besitz der Bonn-Niedermendiger Aktiengesellschaft übergegangen ist, sogar auf einen dritten Lavastrom. Die mit diesem Brunnen durchteuften Schichten sind folgende:

Sohle des Bierkellers unter Tage	25,8 m
Dichte Lava, Dielstein	3,8 m
Lavagerölle	0,6 m
Grauer Sand mit Schlacken- und Thonschieferstückchen	1,9 m
Lavagerölle	3,8 m
Sehr feste nnd dichte Lava	11,0 m
Lavagerölle mit grossen Schlackenstücken	5,0 m
Lava, welche weit härter und dichter ist, als die beiden oberen Ströme	6,9 m
Ziemlich grobes Lavagerölle mit etwas Lehm vermischt	0,6 m
Gesammttiefe	59,4 m.

Das Liegende der Lavaströme scheint, da der Devonschiefer in der nächsten Nähe nirgends hervortritt, Thon zu sein, und diese Ansicht wird auch durch die Bohrversuche der rheinischen Eisenbahn-Gesellschaft, welche dieselbe in der Nähe des Niedermendiger Stationsgebäudes veranstaltete, um einen Brunnen abzuteufen, bestätigt. Man durchbohrte hier an mehreren Stellen unter 13 m Dammerde, Bimssteinsand und Britzschichten, meist grünlich, aber auch röthlich gefärbten, deutlich geschichteten Thon mit einzelnen, wenige Decimeter mächtigen Braunkohlenlagern bis zu einer Gesammtteufe von 78 m, ohne das Devongebirge zu erreichen.

Eine Analyse der Niedermendiger Lava von Bergemann in Karsten's Archiv. 1846. Bd. 21 S. 43 ergab:

Kieselsäure	46,16	mit	24,62	Sauerstoff
Thonerde	16,42	„	7,67	„
Eisenoxyd	15,60	„	4,68	„
Eisenoxydul	4,01	„	0,89	„
Kalkerde	3,79	„	1,08	„
Magnesia	2,23	„	0,89	„
Natron	6,97	„	1,80	„
Kali	1,96	„	0,33	„
Phosphorsäure	1,80	„	—	„
	98,94			

Der Sauerstoffquotient beträgt 0,704, wobei die Phosphorsäure unberücksichtigt geblieben ist. Der in Chlorwasserstoffsäure lösliche Theil beträgt 57,2 Procent, der unlösliche Theil 42,8 Procent.

Die chemische Analyse der Lava von Eich ergab nach G. Bischof (v. Dechen a. a. O. S. 115):

Kieselsäure	47,48	mit	25,32	Sauerstoff
Thonerde	21,26	„	9,93	
Eisenoxydul	12,39	„	2,75	7,74
Kalkerde	8,54	„	2,44	
Magnesia	3,16	„	1,26	
Kali	2,39	„	0,41	
Natron	3,42	„	0,88	
	98,64			
Glühverlust	0,35.			

Der Sauerstoffquotient ist 0,698.

Von Einschlüssen in der Leucitbasaltlava sind bis jetzt folgende Mineralien bekannt:

1. Augit (Chromdiopsid), 2. Anatas, 3. Apatit, 4. Aragonit, 5. Bitterspath, 6. Breislakit, 7. Chalkomorphit, 8. Disthen, 9. Dichroit, 10. Eisenglanz, 11. Ettringit, 12. Granat, 13. Glimmer (Rubellan), 14. Gyps, 15. Hornblende, 16. Hauyn, 17. Hyazinth, 18. Korund (Sapphir), 19. Kalksinter als Ueberzug, 20. Leucit, 21. Magneteisen, 22. Mesotyp, 23. Melilith, 24. Nosean, 25. Nephelin, 26. Olivin, 27. Oligoklas, 28. Sanidin, 29. Spinell (Picotit), 30. Titanit, 31. Tridymit, 32. Zirkon, 33. Quarz und als Einschlüsse in diesem 34. Buntkupfererz, 35. Kieselkupfer und 36. Kupferglanz.

Das in den Gruben gewonnene Material wird da, wo es sich dazu eignet, also möglichst gleichartig und porös ist, zur Anfertigung von Mühlsteinen benutzt; der Rest wird zu Hausteinen verarbeitet, es werden daraus Quader- und Profilsteine zu Brücken-, Kirchen- und sonstigen monumentalen oder Privat-Bauten hergestellt. Von den Meisterwerken der neueren Baukunst mögen hier nur die neue Rheinbrücke bei Coblenz, die Moselbrücke bei Güls und die Lahnbrücke bei Nieder- und Oberlahnstein auf der Eisenbahnlinie Metz-Berlin erwähnt werden, deren schlanke Pfeiler bis über den höchsten Wasserstand von dieser dauerhaften und widerstandsfähigen Lava aufgeführt sind [1]).

Die ausgebeuteten hohlen Räume dienen bei Niedermendig fast immer, bei Mayen jedoch nur da, wo das aufgelagerte Gebirge etwas mächtiger ist, zu Kellern behufs Lagerung von Bier in Fässern. Sie eignen sich hierzu ganz besonders wegen ihrer ausserordentlich niedrigen, dem Gefrierpunkte nahen Temperatur, welche bei der porösen und etwas feuchten Beschaffenheit der Lava wohl nur durch Verdunstung hervorgerufen wird. Mit dem bei

1) Der Bau dieser schönen Brücken wurde unter der Leitung des jetzigen Regierungs- und Bauraths Altenloh, der Bauinspektoren Dörenberger und Sarrazin, sowie des Ingenieurs Zimmermann im Jahre 1876 begonnen und die Eisenbahn selbst am 15. Mai 1879 dem Verkehr übergeben.

der Bearbeitung der Mühl- und Hausteine sich ergebenden Abfalle wird die Sohle der Keller wieder eingeebnet; theilweise bleibt er auch auf der Halde liegen oder wird, wenn die Stücke noch gross genug sind, zu Mauersteinen verwendet oder zu Pflastersteinen behauen, oder findet auch hin und wieder als Strassenmaterial Verwendung, ist aber für letzteres etwas zu spröde und nicht hart genug, so dass er leicht zermalmt wird. Interessant ist es, zu beobachten, wie dann durch Regengüsse die schwereren Magneteisentheilchen in die Strassengräben geschwemmt werden und sich hier ansammeln, so dass man sie mit einem Magnetstabe in grösseren Quantitäten gewinnen kann. Dieselbe Erscheinung findet man auch in den Vertiefungen von Bächen, welche über Lavamassen geflossen sind.

5. Augittuff.

Mächtige Bänke von weissem oder dunkel bis schwarz gefärbtem Tuff oder auch in loseren Massen vulkanischer Sand überdecken einen grossen Theil der Umgebung des Laacher Sees. Die Ablagerungen erstrecken sich gleichmässig sowohl über Höhen bis zu steilen Bergspitzen, als auch über Thäler. Gewaltige Klüfte und Einschnitte, die offenbar nur durch Regengüsse hervorgebracht sind und oft schroffe Felspartieen bilden, geben dem Vorkommen zuweilen ein seltsames, malerisches Ansehen.

Die Ausdehnung des Tuffes östlich des Laacher Sees ist nicht sehr bedeutend, dagegen erstreckt er sich nach Westen bis Kempenich und Volkesfeld und tritt auch bei den ausgetrockneten Maaren bei Boos und Mosbruch, sowie bei Uelmen, Auderath und Bertrich wieder hervor. Er ist meistens deutlich geschichtet und bildet, ausser in der Nähe von Wehr, in der Regel Bänke von nur geringer Mächtigkeit. Die grösste Mächtigkeit der Ablagerung zeigt sich an der südlichen und westlichen Seite des Wehrer Kesselthales, wo durch tief eingerissene Schluchten mächtige horizontale Schichten von festem braunen und schwarzen Tuff entblösst sind. Die Einschlüsse bestehen aus vielen Stücken devonischen Schiefers, aus Phonolith, Schlacke, Glimmertafeln, Quarz, Laacher Trachyt, Bimsstein, Augit, Olivin, Hornblende und Basaltlava. Auch finden sich hin und wieder, namentlich in den ganz feinkörnigen Tuffen kleine Leucit- und Noseankrystalle, letztere von einer weissen Rinde umgeben, und Hauyn.

Wenn der Tuff eine recht feste Consistenz besitzt und ziemlich gleichförmig ist, wie in der Umgebung von Wehr, so wird derselbe als Baustein gewonnen; an vielen anderen Stellen aber wird er in seiner losen Beschaffenheit als Mauersand verwendet.

6. Leucittuff, Backofenstein.

Von Kempenich im Westen bis Bell im Osten und von Engeln im Norden bis beinahe Ettringen im Süden dehnt sich ein weites, zusammenhängendes Tuffsteinfeld aus, dessen Gestein viele kleine Leucitkrystalle und viel Bimssteinmaterial enthält. Nur eine kleine Partie kommt an dem östlichen Gehänge des Laacher Sees vor. Die Mächtigkeit der Schichten wechselt von wenigen cm bis zu 15 und noch mehr m, je nachdem sich die Lagerstätte dem ursprünglichen Thalgehänge nähert oder noch weiter davon entfernt ist.

Nach seiner Verwendung führt der Tuff im Allgemeinen den Namen „Backofenstein“, wird aber nach der örtlichen Gewinnung auch „Weiberstein“, „Bellerstein“ oder „Riedenerstein“ genannt.

Das Gestein ist meistens bankartig abgesondert und wird von senkrechten oder schräg laufenden Klüften oder Absonderungsflächen durchsetzt, welche die Gewinnung erleichtern. Die Farbe ist hell, in's Gelbliche und bei der vereinzelten Partie an der östlichen Seite des Laacher Sees in's Röthliche streifend. Bei Rieden und Weibern ist die Grundmasse feinerdig, bei Bell, Obermendig und Ettringen aber grobkörnig und mit vielen Thonschieferstückchen vermengt. Nicht selten findet man in den feinkörnigen Schichten Holzstücke oder hohle Räume, welche von dünnen Baumstämmen herrühren.

Der zur Bearbeitung von Werksteinen geeignete Stein wird in der Regel von zwei festen, wegen ihrer vielen Einschlüsse von Grauwacke, Bimsstein und Schlacke unbrauchbaren Schichten von verschiedener Mächtigkeit, dem oberen und unteren Dielsteine, eingeschlossen.

Die Backofensteinbrüche bei Bell, Obermendig und Ettringen, deren Gewinnungen auf dem grobkörnigen Tuffe in den Distrikten Rückweg, Sommerberg und Krabbesberg, Erle, Eisgrube, Schweinsgraben, Boder und Holzmühle, Junkerheck, Hasenstoppel und Engerskaul umgehen, liefern meistens nur Backofensteine, woher der Name, Platten, Fenstersteine, Krippen, Mauersteine und andere, der höheren Steinhauerkunst nicht angehörende Werksteine, während aus den Steinhauerhütten bei den Brüchen zu Weibern in den Distrikten Weichley, Schotterdelle, Grapsley und Hohley und am Schorenberge bei Rieden die schönsten Ornamente hervorgehen (s. unten S. 74).

Der Stein von Weibern ist durch die Versuchsstation für Baumaterialien an der Königl. Gewerbeakademie zu Berlin im Jahre 1877 analysirt und auf Cohäsion und Feuerbeständigkeit geprüft worden und lieferte ausgezeichnete Resultate.

Die durch Dr. F. Giesel ausgeführte und von C. Grod in Brohl mitgetheilte Analyse ergab:

Thonerde	20,47
Eisenoxyd	6,26
Kalkspuren . . .	—
Magnesia	2,38
Natron	8,00
Kali	5,64
Kieselsäure . . .	57,37
	100,12

Die vom Professor Dr. Finkener an der Königl. Bergakademie zu Berlin vorgenommene und ebenfalls von C. Grod in Brohl mitgetheilte Analyse hatte folgendes Resultat:

Kieselsäure . . .	53,98
Titansäure	0,70
Thonerde	18,09
Eisenoxyd	3,37
Eisenoxydul . . .	1,03
Kalkerde	1,86
Magnesia	1,21
Kali	7,20
Natron	5,25
Wasser	6,52
Phosphorsäure . .	0,20
Kohlensäure . . .	0,14
Schwefelsäure . . .	0,24
	99,79

Als besonders bemerkenswerth ist noch anzuführen, dass in diesem Tuffe zwischen dem Hochsimmer und dem Forstberge, an dem Wege von Ettringen nach Kirchesch, eine tripelartige, dem Polirschiefer ähnliche Masse gefunden wurde, welche sich nach den Untersuchungen vom Professor Ehrenberg als reine Infusorienerde ergab. (Vgl. v. Dechen, Laacher See S. 154 ff.)

7. Trassablagerung.

Der für die Wasserbauten so wichtige Trass, welcher in nicht gemahlenem Zustande Duckstein oder Tuffstein und in kleineren Stücken Mergel genannt wird, tritt besonders an drei verschiedenen Stellen auf, im Brohlthale, im Neuwieder Becken bei Plaidt, Kretz und Kruft und bei Winningen an der Mosel [1]).

1) Anger hat in Tschermacks Mittheilungen 1875. Heft III S. 172 durch mikroskopische Untersuchungen nachgewiesen, dass der Brohler Trass viel Leucit enthält, also in genauer Verbindung mit dem Leucittuff steht, der nach den Versuchen

Von den südlichen Seitenthälern des Brohlthales, welche sämmtlich in der Richtung nach dem Laacher See auslaufen, zieht sich die Trassablagerung nach dem Hauptthale herunter und erstreckt sich dann diesem Thale entlang, hoch an den Gehängen zu beiden Seiten anstehend, bis an den Rhein. Die ganze Längenausdehnung dieses ersten Vorkommens von Nippes unterhalb Brohl am Rhein bis Brohl, dann aufwärts bis Niederzissen und die Seitenthäler hinauf von Schweppenburg bis Heilbrunnen, von Tönnisstein bis beinahe Wassenach und Kell und von Burgbrohl bis Buchholz und Glees beträgt 19 km; das Ansteigen derselben geht von 69 m bei Nippes bis zu 205 m bei Niederzissen und 280 m bei Glees. Eine grosse Anzahl von Brüchen sowohl zu beiden Seiten des Brohlthales, als auch in den Seitenthälern giebt den Beweis von der Wichtigkeit dieses Handelsartikels.

Die Mächtigkeit der Ablagerung beträgt an einzelnen Stellen mehr als 30 m. Dieselbe besteht aus einer meistens ungeschichteten, gelblich grauen, mehr oder minder weichen, aber zusammenhängenden Masse, welche nach der Teufe zu eine dunklere Farbe annimmt, dann auch an vielen Stellen deutlicher geschichtet ist, viele Blattabdrücke führt und eine grössere Festigkeit erlangt. Stücke von devonischem Sandsteine und Schiefer, Bimsstein, Schlacke und Lava sind vielfach in dem Tuffe vertheilt, und verkohlte Baumstämme, Aeste oder Wurzeln eben keine Seltenheit.

Diese durchschnittlich ungeschichtete Partie, welche, in Stücken gebrochen und dann gemahlen, den Trass liefert, wird von geschichteten, wohl einer secundären Bildung angehörenden Massen umgeben und überlagert, welche ihrer Zusammensetzung nach mit jener zwar übereinstimmen, aber nur eine ganz geringe Consistenz besitzen und ein Material von viel geringerem Werthe liefern. Die Masse ist so lose, dass sie beim Weghauen in Staub zerfällt. Sie wird nicht mehr gemahlen, sondern nur gesiebt und ist unter dem Namen „Bergtrass“ oder „wilder Trass“ bekannt.

Unter einem guten Tuff- oder Duckstein, welcher zu Trass gemahlen werden soll, versteht man einen solchen Stein, welcher zwar etwas porös, dabei aber doch so fest ist, dass er nicht leicht zerschlagen werden kann, dass er an den entzweigeschlagenen Stücken scharfe Kanten zeigt, nur durch wenige Bimsstein- und Schieferstücke verunreinigt ist und eine dunkelgraue, braune oder blaue Farbe besitzt.

Das Liegende der Trassablagerungen im Brohlthale ist mit wenigen Ausnahmen, wo dasselbe durch Flussgeschiebe gebildet wird, devonischer Schiefer.

Das zweite Vorkommen, im Neuwieder Becken, beginnt oberhalb Mie-

---

des Bauinspektors v. Lasaulx in Coblenz ebenfalls einen vortrefflichen Wassermörtel wie der Duckstein liefert. Eine grössere Verwendung als hydraulischer Mörtel hat der Leucittuff aber noch nicht gefunden.

senheim, zieht sich durch das Nettethal hinauf bis Plaidt, folgt dann dem Krufter Bache bis Kretz und verzweigt sich nun, einerseits dem Krufter Bache bis oberhalb Kruft folgend, und andererseits sich nach Nordwesten bis in die Nähe von Nickenich ausdehnend, so dass das Vorkommen auf eine Längenerstreckung von etwa 10 km bekannt ist. Das Ansteigen der Ablagerungen ist hier nicht so bedeutend, wie im Brohlthale, indem Miesenheim 79 m, Kruft 144 m und der Fuss des Weinberges bei Nickenich 180 m über N. N. liegen, so dass sich also der höchste Punkt 101 m über der tiefsten Stelle befindet.

Sowohl bei Plaidt, als auch bei Kruft und Kretz liegen ganz bedeutende Ducksteingruben, und kräftige Wasserhaltungsmaschinen, sowie Dampfmühlen zum Mahlen des Steines zeugen von dem ausgedehnten Absatze, den der Trass nach allen Weltgegenden gefunden hat. Auch hier wird der brauchbare feste, gelbgraue, ungeschichtete Duckstein, welcher nach der Teufe zu sehr fest und ganz dunkelgrau oder beinahe blau wird, von Tauch und Asche, einer gelblichweissen, weichen, erdigen Masse, um- und überlagert. Die Asche liegt in einer Mächtigkeit von 0,25 m bis 2 m über Tauch und Duckstein, welche in ganz unregelmässiger Begrenzung durch das 60 cm mächtige „Band“ oder „Mauerband“ — fester Tauch, der als Mauerstein benutzt wird — von einander getrennt sind. Tauch und Duckstein haben ein so gleiches Aussehen, dass nur ein geübtes Auge sie von einander zu unterscheiden vermag. Man darf annehmen, dass der Tauch früher Duckstein war und einige nothwendige Bestandtheile durch Verwitterung verloren hat.

Die Mächtigkeit der ganzen Ablagerung steigt von 5 bis über 20 m und die des brauchbaren Ducksteines von 0,60 bis zu 15 m. Zur Wasserlösung sind verschiedene Stollen aufgefahren, von welchen der bei der Rauschenmühle angesetzte, jetzt zusammengestürzte Bianchi'sche Stollen der wichtigtere ist, weil durch ihn sehr schöne Pflanzenabdrücke im untersten Theile der Lagerstätte zu Tage gebracht wurden, von welchen 15 Spezies mit jenen der Braunkohlenformation in der Umgebung des Siebengebirges übereinstimmen.

„Es scheint“, schreibt v. Dechen a. a. O. S. 379, „dass die in dem Tuffe aufgefundenen Pflanzen an Ort und Stelle gewachsen und von den vulkanischen Materialien bedeckt worden sind. Fast alle Blätter haften noch an den Stengeln und befinden sich in den verschiedensten Lagen. Die meisten sind geknickt oder zurückgeschlagen; die steiferen zeigen deutliche Spuren der Bedeckung in noch frischem Zustande. Sie sind, wenn ihre Nervation es gestattete, theilweise eingerissen und in verschiedener Höhe eingehüllt. Die von den Stengeln zurückgelassenen hohlen Räume durchsetzen den Tuff nach allen Richtungen, und gewöhnlich liegen zahlreiche Blätter derselben Spezies nahe bei einander. Die Blattsubstanz ist so wenig wie die Stengel erhalten; es liegen nur die Abdrücke beider Seiten vor. Dieses Verhalten möchte auch wohl die geringe Zahl der aufgefundenen Spezies erklären, welche sich nur auf 20 beläuft, die mit Sicherheit erkennbar sind. Es bleibt dabei aber auch zu berücksichtigen, dass die Fundstelle im Stollen und in einem dazu besonders im Jahre 1861 abgeteuften Schacht sehr beschränkt ist. Unter den Blättern ist das häufigste Juglans acuminata A. Br., die ganzrandige, der Juglans regia verwandte, sehr verbreitete Tertiärpflanze. Neben ihr kommt auch vereinzelt Juglans bilinica vor. Folgende Pflanzen sind zwar vereinzelt, finden sich aber sämmtlich in der Blätterkohle und dem Braunkohlensandsteine in der Umgegend des Siebengebirges: Liquidambar europaeum A. Br., Alnus Kefersteinii A. Br., Corylus rhenana Wess., Ficus lanceolata Heer, Ficus apocynophylla Web., Laurus styracifolia Web., Protea linguaefolia Wess. u. Web., Rosa dubia Web., Pavia Septimontana Web., Rhamnus Dechenii Web., und noch etwas zweifelhaft, weil keine vollständigen Exemplare vorliegen: Ceanothus ebuloides Web., Cinnamomum polymorphum Heer. Die übrigen hier vorkommenden Pflanzen sind neu und noch von keiner anderen Fundstelle beschrieben. Es sind: Aspidium palaeopteris Web., sehr ähnlich dem Aspidium oreopteris Web., ein sehr schön erhaltener und häufig auftretender Farrn. Cyperites triplicatus Web., ebenfalls sehr häufig; eine dem Cyperites Zollikoferi Heer sehr ähnliche, aber durch grössere Zahl der Nerven (30) davon verschiedene Cyperacee mit dreikantigem Stengel und dreifach gefalteten langen Blättern. Sehr charakteristisch zum Theil in Verbindung mit den Stengeln in ganzen Büscheln und häufig ist ein grosses Blatt einer Ingwer ähnlichen Pflanze: Zingiberites pitcairniaefolius Web. Nicht minder häufig findet sich, auch oft an den Stengeln sitzend, eine echte, der Tilia europaea sehr nahe verwandte Form Tilia Vulcani Web. mit schiefen herzförmigen Blättern, mit ausgezogener Spitze und kerbzähnigem Rande. Die doppelte sehr deutliche Zahnung unterscheidet das Blatt auf das bestimmteste von der in der Blätterkohle zu Liessem vereinzelt gefundenen Grewia crenata Heer (Dombeyopsis Oeynhausiana Göpp.). Ein sehr interessantes, an ein Nymphäenblatt erinnerndes, aber durch die Nervatur als Villarsia angehörig erscheinendes lederartiges Blatt, tief herzförmig ausgeschnitten, rund mit flach stumpfer Spitze, glattem Rande ist nicht ganz selten: Villarsia deperdita Web. Endlich kommen nicht ganz selten sechskantige Stengel mit 5 bis 6 Winkelblättchen vor, die sehr an den Waldmeister erinnern und vielleicht mit dem Rubiacites asclepioides Web., von denen sich Blüthenstände zu Rott finden, zu einer Art gehören; jedenfalls ist es ein Rubiacee. Einige dieser Pflanzen, wie Cyperites triplicatus, Zingiberites pitcairniaefolius, Villarsia deperdita, sind Sumpfpflanzen. Keine der neuen Art widerspricht der Annahme, dass der sie einschliessende Tuff dem Alter nach mit der Niederrheinischen Braunkohlenformation zusammenfalle, also dem unteren Miocän oder dem Oligocän angehöre. Der Zingiberites dürfte kaum an dieser Stelle in einer späteren, etwa pliocänen Epoche noch haben wachsen können."

Unter dem Ducksteine dieser Ablagerung befindet sich überall eine 2 m mächtige Bimssteinschicht, welche man, da sie ausserordentlich viel Wasser führt, dessen Durchbruch schon manches Werk zum Erliegen gebracht hat, beim Abbaue mit ängstlicher Sorgfalt zu vermeiden sucht. Das eigentliche Liegende der ganzen Ablagerung ist plastischer Thon.

Ganz abweichend von dem Vorkommen im Brohlthale und im Neuwieder Becken ist das dritte bei Winningen. Hier tritt an dem rechten Gehänge des Hausbornthales unter 2 m mächtigen Lehm- und Lössschichten ein 13 m mächtiges, deutlich horizontal geschichtetes Trasslager auf, von welchem die oberen Bänke auf eine Höhe von 1,5 bis 2 m unbrauchbar sind und die Stelle des Tauchs vertreten. Die verwendbaren Schichten enthalten in der Tuffmasse Augit, Olivin, Titanit und Stücke von Lava, Schlacke und devonischem Sandsteine und Schiefer. Die Farbe des Gesteins ist dunkelgrau oder braun, die Festigkeit desselben aber nur gering. Die Ausdehnung der Ablagerung ist nicht sehr bedeutend und beschränkt sich auf einen Flächenraum von wenigen Hektaren; ihr Liegendes ist devonischer Schiefer, welcher rings herum zu Tage tritt.

Die Verwendung des Trasses als hydraulischer Mörtel ist schon seit Jahrhunderten bekannt. Das jetzt gebräuchlichste Mischungsverhältniss ist 3 Theile gemahlener Trass, 2 Theile hydraulischer Kalk und 2 Theile Sand. Von diesem Verhältnisse wird jedoch je nach der Güte des Trasses oder Kalkes häufig abgewichen.

Die chemischen Analysen der einzelnen Vorkommen liefern folgendes Resultat: Tuffstein aus dem Brohlthale nach Elsner (Journal für prakt. Chem. 33. S. 21. 1844. S. v. Dechen a. a. O. S. 235):

Kieselsäure	48,94
Thonerde	18,93
Eisenoxyd	12,34
Kalkerde	5,41
Magnesia	2,42
Kali	0,37
Natron	3,56
Wasser	7,65
Spur von Ammoniak	—
	99,62

In Chlorwasserstoffsäure sind löslich	49,007
unlöslich	42,980
Wasser	7,656
	99,643

Die Untersuchung des blauen Ducksteins aus dem G. Herfeldt'schen Bruche bei Plaidt durch Hilt und die Analysen des Andernaches Trasses lieferten nach v. Dechen (S. 393) folgendes Ergebniss:

„Mit blossem Auge wurde an fremdartigen Einschlüssen von ganz unregelmässiger Form, etwas abgerundet erkannt: Bimsstein, Quarz, Thonschiefer, Devonsandstein, Glimmer. Bei weiterer Zerkleinerung zeigte sich unter der Loupe am häufigsten Sanidin, dann Augit, Hornblende, Magneteisen, Glimmer, Quarz und Thonschiefer, endlich einzelne Körnchen von Hauyn und Titanit (Sphen).

Die Analyse lieferte:

1. an wässerigem Auszuge	0,62
2. durch Salzsäure zersetzbare Theile	45,59
3. unzersetzbare Theile	53,79.

Als Gesammtresultat ergiebt sich:

Kieselsäure	53,07
Thonerde	18,28
Eisenoxydul	3,43
Manganoxydul	0,58
Kalk	1,24
Magnesia	1,31
Kali	4,17
Natron	3,73
Phosphorsäure	0,05
Chlor	0,17
Aus 1 herrührend, Magnesia, Kali und Natron mit Spuren von Thonerde, Eisenoxyd und Kalk	0,27
Aus 1 herrührend als Rückstand, wahrscheinlich Thonerde und Eisenoxyd . .	0,04
Wasser mit Spuren von Ammoniak . .	12,65
Aus 1 herrührend Wasser mit Spuren von Schwefelsäure und Chlor	0,13
Summa	99,12

Weniger vollständig dürften die früheren Analysen dieses Ducksteins (Trasses) sein, welcher als von Andernach herrührend angegeben wird. Da aber von Andernach kein anderer Tuffstein, als derjenige von Plaidt, Kruft und Kretz verladen wird, so beziehen sich die Analysen von H. Bley, Rivot und Chatoney ganz unzweifelhaft auf denselben. Nr. 1 von H. Bley (Wackenroder und Blei, Arch. Ph.) (2) 40 S. 259. 1844; Nr. 2 von Rivot (Annales des mines) (5) 2 S. 548. 1852; Nr. 3 von Chatoney und Rivot (Annales des mines) (5) 9 S. 628. 1856. Nr. 4 von denselben ebendaselbst.

	Nr. 1.	Nr. 2.	Nr. 3.	Nr. 4.
Kieselsäure	54,90	54,2	57,5	54,0
Thonerde	8,73	16,8	10,1	16,5
Eisenoxyd	14,80	6,1	3,9	6,1
Kalkerde	1,67	1,5	7,7	4,0
Magnesia	0,98	1,0	1,1	0,7
Kali	nicht vorh.	9,5	6,4	10,0
Natron	9,41			
Wasser	9,51	8,5 Glühv.	12,6 Glühv.	7,7
	100,00		99,3	99,0
Kohlensäure		1,3		
		98,9		

Der unlösliche Bestandtheil beträgt bei:

Nr. 2 28,8 Procent.

Nr. 3 34,2 „ Kieselsäure 28, Thonerde 5, Kalkerde 1,2.

Nr. 4 30,0 „ Kieselsäure 23, Thonerde 6, Kalkerde 1,0."

Die Analysen des Trasses von Winningen, welche von Professor Landolt (v. Dechen S. 429) und von G. Wagner im min. Laboratorium zu Carlsruhe vorgenommen wurden, hatten nachstehendes Resultat:

1. Landolt.

Der in Chlorwasserstoffsäure

lösliche Theil beträgt	42,62
unlösliche Theil	55,14
Glühverlust	1,33.

Das ganze Gestein giebt:

Kieselsäure	60,49
Thonerde	19,95
Eisenoxyd	9,37
Kalkerde	3,12
Magnesia	1,43
Kali und Natron	3,40
Glühverlust	1,33
	99,09

und zwar der lösliche Theil und der unlösliche Theil

	der lösliche Theil	der unlösliche Theil
Kieselsäure	42,87	76,57
Thonerde	24,85	16,97
Eisenoxyd	21,98	
	89,70	93,54

Transport	89,70	93,54
Kalkerde	5,91	1,09
Magnesia	1,34	1,56
Kali und Natron	3,05	3,81
	100,00	100,00

2. Wagner.

Kieselsäure	58,7
Titandioxyd	1,1
Thonerde	10,0
Eisenoxyd, Eisenoxydul	12,9
Magnesia	3,7
Kalkerde	4,7
Manganoxydul	0,4
Kali	2,2
Natron	1,9
Glühverlust	3,9
	99,5

In Salzsäure löslich 47,1.

8. Bimsstein-Ueberschüttung und Auswürflinge.

Eine Linie, welche man sich von Brohl aus über Niederlützingen und Burgbrohl an der Westseite des Laacher Sees vorbei nach Obermendig, von hier nach Cottenheim, dann mit einer westlichen Schwenkung nach den Orten Berresheim und Kehrig und weiter in südöstlicher Richtung über Roes, Moentenich und Keldung bis in die Nähe von Burgen an die Mosel gezogen denkt, wird ungefähr die Grenze der Bimsstein-Ueberschüttung nach Westen hin bilden. Der östliche Theil des Reviers, welcher einen Flächeninhalt von ungefähr 620 qkm oder etwa 11 Quadratmeilen umfasst, liegt vollständig innerhalb des Gebietes dieser Ueberschüttung, welche sich nach Osten hin noch jenseits des Rheins weiter verbreitet.

Bimssteine in Stücken von oft 10 cm Durchmesser treten bis zu einer Mächtigkeit von über 30 m auf, wobei mit der weiteren Verbreitung nach Süden und Osten vom Laacher See weg die Bimssteinstücke an Grösse allmählich abnehmen. Die Lagen wechseln in ihrer Mächtigkeit in der Weise, dass dieselben an der einen Seite eines Einschnittes in oft ganz bedeutender Höhe auftreten, während sie an der anderen Seite auslaufen oder ganz verschwinden. Die einzelnen Lagen der Bimssteine sind durch mehr oder minder mächtige Tuffschichten (Britz), welchen man vielleicht nicht mit Unrecht hydraulische Eigenschaften zuschreibt, von einander getrennt und werden gewöhnlich von grauem bis schwarzem feinerem Bimssteinsande oder auch nur von der Dammerde bedeckt. An den Punkten, wo auch Löss vorhanden ist, kommt dieser stets unter dem Bimssteine vor, und nur hin und wieder ist letzterer, wohl durch spätere Abschwemmungen von höher gelegenen Ablagerungen, auf demselben wieder abgesetzt worden. Wo er nicht durch Filtration von oben ververunreinigt ist, hat der Bimsstein die bekannte weisse Farbe und ist in der Regel nur mit devonischen Thonschieferstückchen gemengt. Meistens liegen die Bimssteine lose, ohne jedes Bindemittel zusammen, besonders auf den Höhen und an den Bergabhängen.

Die grosse Bimssteinablagerung in dem Neuwieder Becken, welche sich von Andernach bis Coblenz zu beiden Seiten des Rheins auf eine Länge von 15 km ausdehnt, gehört zum Alluvium des Rheinthales und ist eine secundäre Lagerstätte. Ihr Verhalten ist beinahe überall ganz gleich. Die Schichten sind regelmässig und im Thale horizontal, an den Gehängen aber der Hügelbildung entsprechend abgelagert. Eine Britzschicht von 15 bis 20 cm Stärke theilt die Ablagerung in zwei Theile, wovon der untere gewöhnlich sehr feinen Bimssteinsand in einer Mächtigkeit von 1 bis 2 m führt, und der obere bis zu einer Mächtigkeit von 3 m aus grösseren und scharfkantigen, sogenannten „rauhen" Bimssteinkörnern besteht. Unter der Bimssteinablagerung kommt hier nur Lehm mit Flussgeschieben und Bimssteinstücken vor, und in der Nähe von Weissenthurm zeigen sich bei kleinem Wasserstande am Ufer des Rheins auch die Devonschichten.

In den Thälern, sowohl am Rhein als auch an der Mosel, sind die Bimssteine mitunter in kleinen Körnern durch ein thoniges Cement verbunden und bilden ein Bimssteinconglomerat. In früheren Zeiten wurde dieser sogenannte Sandstein besonders auf der Ebene bei Engers, wo er eine festere Consistenz und ein ziemlich gleichmässiges Korn hatte, von den Bewohnern in Ziegelsteinform ausgestochen und namentlich zur Herstellung von Zwischenwänden benutzt. In neuerer Zeit werden die losen Bimssteinkörner mit gelöschtem Kalke gemengt, zu einer teigartigen Masse verarbeitet und geformt. Wenn sie gut getrocknet und fest geworden sind, so finden sie als „Schwemmsteine" nicht allein zur Aufführung von Zwischenwänden, sondern sogar zum Bau von ganzen Häusern Verwendung. Namentlich in den letzten fünfzehn Jahren ist dieses Fabrikat ein ganz bedeutender Handelsartikel geworden (s. unten).

Nicht in derselben grossen Ausdehnung um den Laacher See, wie sich die Bimssteinlager hinziehen, sondern nur im Umkreise von etwa einer halben Stunde ist dessen Umgebung von vulkanischen Auswürflingen, sogenannten Bomben oder Lesesteinen, überdeckt. Sie finden sich, wie schon Seite 27 angeführt, meistens in den grauen sandigen Tuffsteinen, welche den weissen Bimsstein überlagern, und auf welchen Dammerde liegt. Da letztere nicht sehr stark vertreten ist, so findet man häufig Bomben frei auf den Feldern liegen, wo sie herausgeackert worden sind. Reiche Fundstellen waren von jeher besonders die Gruben sandigen Tuffs westlich vom Kloster Laach sowohl am Fusse des Laacherkopfes, als auch in der Schlucht vom See nach dem Rotheberg in der Nähe eines kleinen Teiches. Sie sind aber meistens abgesucht, und nur bei der Anlage neuer Sandgruben oder bei der Verbesserung und Erbreiterung des Weges nach Bell bieten sie noch ihre mineralogischen Schätze dar.

Diese knollenartigen Sanidintrachyte, auch Laacher Trachyt genannt, enthalten in einer körnigen oder krystallinischen Masse eingewachsen oder in Drusen viele Krystalle, mitunter solche der seltensten Mineralien[1]). Th. Wolf hat jene Mineralien zusammengestellt und in der Zeitschrift der deutschen geologischen Gesellschaft (Jahrg. 1867 S. 451—492 und Jahrg. 1868 S. 1—78) veröffentlicht; denselben treten noch einige hinzu, welche Professor G. vom Rath in den Verhandlungen des naturhistorischen Vereins für Rheinland und Westphalen (1870 Sitz.-Ber. S. 159, 189 bis 194 mitgetheilt hat. Im Ganzen sind es folgende:

1. Augit, 2. Asbest, 3. Apatit, 4. Bitterspath, 5. Chlorit, 6. Disthen, 7. Dichroit (Cordierit), 8. Diopsid, 9. Eläolith, 10. Eisenoxydhydrat, 11. Granat, 12. Gyps, 13. Hypersthen, 14. Hauyn, 15. Hornblende, 16. Kalkspath, 17. Korund, 18. Kaliglimmer, 19. Magnesiaglimmer, 20. Monazit (Turnerit), 21. Mejonit, 22. Magneteisen, 23. Nephelin, 24. Nosean, 25. Oligoklas, 26. Orthoklas, 27. Olivin (Chrysolith), 28. Orthit (Bucklandit), 29. Pikotit, 30. Quarz, 31. Sapphir, 32. Rother Spinell, 33. Schwarzer Spinell, 34. Smaragd, 35. Sanidin, 36. Strahlstein, 37. Schwefelkies, 38. Schwefel, 39. Tridymit, 40. Tremolit, 41. Titanit, 42. Titaneisen und 43. Zirkon (weisser und rother). Nach Zirkel's Lehrbuch der Petrographie, Band II S. 177, kommen ausserdem noch vor: 44. Albit, 45. Leucit, 46. Staurolith und 47. Stilbit.

IV. Uebersicht der nutzbaren Mineralien und der Mineralquellen.

Von den bisher aufgeführten Mineralien sind folgende nutzbar zu verwenden: Grauwacke, Dachschiefer, Eisenerze, Kupfererze, Zinkerze, Bleierze, Manganerze, Schwefelkies, Schwerspath, Thon, Braunkohle, Flussgeschiebe, Lehm und Löss, Basalt, Trachyt, Leucitgesteine, Schlackenlava, Leucitbasaltlava, fester und loser Augittuff, Leucittuff, Trass und Bimssteinsand.

1) Von grossem Interesse ist die Bemerkung von Rosenbusch (Abhandlungen zur geolog. Spezialkarte von Elsass-Lothringen Bd. I Heft 2 S. 252): „Mit Verwunderung ersieht man aus der Darstellung von Wolf, dass in den Auswürflingen des Laacher Sees eine ganze, höchst vollständige Schiefer-Granitcontaktzone in Fragmenten aus der räthselhaften Tiefe an die Oberfläche der Erde befördert vorliegt."

Was die Mineralquellen betrifft, so sind nur an einem Punkte, nämlich zu Bertrich, etwa zwei Stunden von Alf und Bullay an der Mosel entfernt, zwei warme Quellen bekannt, welche nebst einer kalten Quelle in den unterdevonischen Gebirgsschichten entspringen. In einem äusserst romantischen, beinahe 300 m tief eingeschnittenen und von dem Uessbach durchflossenen Thale gelegen, wird die eine der warmen Quellen zum Trinken und die andere zum Baden von jährlich etwa 1000 Kurgästen benutzt. Wegen ihrer alkalischen Wirkung und der grossen Wärme, welche bei der „warmen Gartenquelle“ und der „Bergquelle“ ungefähr 26° R. beträgt, werden diese Quellen besonders gegen Gicht und Rheumatismus empfohlen. Von den drei Quellen treten zwei, die warme und die kalte „Gartenquelle“ nur wenige Decimeter von einander entfernt auf und sind in einem Brunnen, die erstere bei 11,25 m und letztere bei 11,75 m Tiefe gefasst und in Röhren an die Oberfläche geleitet. Die Fassung der „Bergquelle“ liegt 13,96 m tief.

Professor Dr. Mohr hat die Quellen, sowie das in dem Brunnen der beiden Gartenquellen ungefasst aufsteigende, mit süssen Quellen vermischte Wasser im Jahre 1878 analysirt und der Analyse der Bergquelle eine im Jahre 1846 vorgenommene beigefügt. Die Resultate befinden sich in den Akten der Kgl. Regierung zu Coblenz, ihre Mittheilung ist dem Regierungs- und Baurath Kirchhof und dem Landbauinspektor Delius zu verdanken.

In 1000 Gewichtstheilen enthalten:

1. die warme Gartenquelle

bei einem spezif. Gewicht von 1,00216

Gesammt-Kohlensäure: 5,6714

Schwefelsaures Natron	8,6840
Schwefelsaures Kali	0,2960
Chlornatrium	2,1649
Kohlensaures Natron	4,6572
Kohlensaurer Kalk	1,1119
Kohlensaure Magnesia	0,8117
Eisenoxyd und Thonerde	0,0416
Kieselsäure	0,4638
	18,2311

2. die kalte Gartenquelle

bei einem spezif. Gewicht von 1,00172

Feste Bestandtheile: 17,3500

Gesammt-Kohlensäure: 6,6068

Schwefelsaures Natron	8,3716
Schwefelsaures Kali	0,4264
	8,7980

Transport	8,7980
Chlornatrium	2,0395
Kohlensaures Natron	4,5476
Kohlensaurer Kalk	1,0221
Kohlensaure Magnesia	0,6344
Eisenoxyd, Thonerde u. Phosphorsäure	0,0594
Kieselsäure	0,4938
	17,5948.

3. die Bergquelle

bei einem spezif. Gewicht von 1,00210
Gesammt-Kohlensäure: 6,168

	1846	1878
Schwefelsaures Natron . .	9,1636	8,8240
Chlornatrium	4,4610	2,2467
Kohlensaures Natron . . .	1,9134	4,6416
Kohlensaurer Kalk . . .	0,8147	1,0732
Kohlensaure Magnesia . .	0,6430	0,7145
Eisenoxyd und Thonerde .	0,0038	0,0321
Kieselsäure	0,3723	0,3852
	17,3718	17,9173.

4. der Gartenbrunnen

bei einem spezif. Gewicht von 1,00072
Gesammt-Kohlensäure: 2,352

Schwefelsaures Natron	2,9232
Chlornatrium	0,7488
Kohlensaures Natron	2,2679
Kohlensaurer Kalk	0,4400
Kohlensaure Magnesia	0,3772
Kieselsäure	0,1500
Eisenoxyd	Spur
	6,9071

Den in der Nähe derselben aufgefundenen Alterthümern nach zu urtheilen, waren die Quellen schon den Römern bekannt, befanden sich jedoch meistens in einem schlechten Zustande, bis sie im Jahre 1392 unter die Herrschaft der Kurfürsten zu Trier kamen, deren letzter, Clemens Wenzeslaus, im Jahre 1770 ein neues Kurhaus und Badestuben errichten liess. Allmählich sind auch diese Gebäude wieder verfallen, und ein Theil des Kurhauses ist in Privatbesitz übergegangen; gegenwärtig aber lässt die Königl. Regierung zu Coblenz durchgreifende Reparaturen vornehmen und die Anzahl der Bäder auf 25 vermehren.

Alle übrigen Mineralquellen im Reviere sind sogenannte Säuerlinge, welche ebenfalls in dem Unterdevon entspringen. Sie sind so ausserordentlich zahlreich, dass es kaum gelingen dürfte, sie einzeln aufzuführen, ohne die eine oder andere zu übergehen. Sie unterscheiden sich unter einander weniger durch die Qualität, als durch die Quantität des Wassers und das Verhältniss der darin enthaltenen Bestandtheile. Der Geschmack des Wassers ist prickelnd und angenehm säuerlich, und da es für die Bewohner besonders im Sommer das gewöhnliche erquickende Getränk bildet, so sind die Quellen auch meistens gefasst. An den Orten, wo sie entspringen, entwickelt sich in der nächsten Nähe eine Menge kohlensaurer Gase, und die Austrittsstellen sind mit einer mehr oder minder starken Lage Eisenocker bedeckt.

Die meisten Mineralquellen gruppiren sich um den Laacher See; je grösser die Entfernung von demselben wird, um so seltener werden sie.

Die bedeutendsten und wohl auch stärksten Quellen treten nördlich des Sees im Brohlthale und in dessen südlichen Seitenthälern, dagegen nicht in den nach Norden auslaufenden Seitenthälern auf. Der ersten Quelle begegnet man von Brohl aus gleich oberhalb der Netzermühle; sie ist durch den Zufluss von süssem Wasser schwächer, als die meisten übrigen. In dem darauf folgenden ersten rechten Seitenthale, welches sich der Schweppenburg gegenüber an dem Dörfchen Kell vorbei bis zum Krayerhofe hinaufzieht, treten sechs Quellen hervor, von welchen die unterste, der Heilbrunnen, die bedeutendste ist. Ihr Wasser kommt mit $8^1/_2{}^0$ R. zu Tage und wird, in Krüge oder Flaschen gefüllt, weit und breit abgesetzt. Der Geschmack des Wassers ist ausserordentlich angenehm und erquickend. „Uns“, sagt Dr. J. Wegeler (der Heilbrunnen, Coblenz 1862 S. 19), „ist in Wahrheit kein Wasser bekannt, was so wohlthätig und erfrischend den Durst löscht, als das des Heilbrunnens.“

Nach G. Bischof (Lehrbuch der chem. und physik. Geologie, Bonn 1847) betragen die festen Bestandtheile dieses Wassers in 10,000 Gewichtstheilen:

Kohlensaures Natron	17,4956
Schwefelsaures Natron	3,0548
Chlornatrium	16,6951
Kohlensaurer Kalk	3,7448
Kohlensaure Magnesia	10,9357
Kohlensaures Eisenoxydul	1,1164
Kieselsäure	0,6785.

In unmittelbarer Nähe befindet sich noch eine zweite, an Kohlensäure überaus reiche Quelle.

Weiter thalaufwärts, in der Nähe der Pontermühle befindet sich der Ponterbrunnen, welcher mit 9^0 R. hervorquillt und noch von zwei anderen Quellen begleitet wird. Ganz oben im Thale zwischen der Krayermühle und dem Krayerhof befindet sich der Krayerbrunnen.

In dem weiter aufwärts eingeschnittenen Seitenthale, welches sich bis Wassenach hinaufzieht, fliessen zehn Quellen aus. Die unterste ist die bekannte Mineralquelle Tönnisstein, deren schon Günther, ein geborener Andernacher und berühmter Lehrer der Arzneikunde an den Hochschulen zu Paris und Strassburg, im Jahre 1565 erwähnt (Comment. de balneis et aquis medicatis. Argent. 1565 p. 136). Auch Tabernaemontanus gedenkt ihrer rühmlich (Neuer Wasserschatz, Frankfurt 1593 p. 316). Die Quelle besitzt eine Temperatur von 10° R. und enthält nach G. Bischof (Das Tönnissteiner Mineralwasser, Coblenz 1837. S. 21) in 10,000 Gewichtstheilen Wasser:

	1827	1831	1836
Schwefelsaures Kali	0,7915	—	—
Schwefelsaures Natron	0,9029	—	1,1280
Kochsalz	5,3433	—	5,4253
Kohlensaures Natron	8,6561	—	9,5874
Phosphorsaures Natron, eine Spur kohlensauren Kalk mit einer zwar unwägbaren, aber sehr deutlich zu erkennenden Menge Strontian	4,1569	4,2530	—
Kohlensaure Magnesia	9,3593	8,1853	—
Eisenoxyd mit Spuren von Thonerde	0,4022	0,1449	—
Kieselsäure	0,4314	0,3148	—
Lösl. Bestandtheile überhaupt	15,6938	15,2567	16,1407
Unlösliche	14,3498	12,8980	
Summa	30,0436	28,1547	Gewichtsbestandtheile.

Seit vielen Jahren wird ein ausgedehnter Handel mit diesem Wasser getrieben.

Die in nächster Nähe oberhalb liegende Quelle wird zum Bade benutzt, so dass Tönnisstein so ziemlich Alles in sich vereinigt, was zum Besuche eines Bades einladen kann: der Trinkbrunnen, die Bäder, der Heilbrunnen, durch einen schattigen Weg, den Fürstenweg, mit einander verbunden, die herrliche Lage in der Nähe des Laacher Sees, des Rheins und der Eisenbahn.

Weiter thalaufwärts liegt zunächst die Klosterquelle bei der Ruine des Klosters Tönnisstein; die folgende befindet sich in dem Trassbruche Eulenhof, und dann treten in demselben Thale bei dem Layer Brunnen noch vier Quellen auf. In einem hier einmündenden Seitenthälchen liegt ebenfalls eine Sauerquelle, und die letzte befindet sich in der Nähe des Dorfes Wassenach.

Von Tönnisstein bis Burgbrohl treten unstreitig die meisten Sauerquellen hervor, in letzterem Orte sind überhaupt nur zwei süsse Quellen. Erwähnenswerth sind: der „Fehlenborn“, welcher eine Temperatur von 11,4° R. hat und 0,231749 % feste Bestandtheile enthält, der „Badhausborn“ mit

11,6° R. und 0,138534% festen Bestandtheilen und der „Gluckengluth.“ Die meisten dieser Quellen entwickeln bedeutende Mengen Kohlensäure, und nach G. Bischof (Lehrbuch der chem. und phys. Geologie I, S. 280), welcher die Menge der entströmenden und gebundenen Kohlensäure an zwei Quellen bestimmt hat, beträgt das Volumen des sich entwickelnden Gases bei der einen Quelle in 24 Stunden 131 bis 175 cbm oder, da ein Liter Kohlensäuregas 1,967 Gramm wiegt, 258 bis 344 kg. In Auflösung bleiben noch 59 cbm, so dass also die ganze Menge des Gases 190 bis 234 cbm oder 374 bis 460 kg beträgt. Bei der zweiten Quelle entwickeln sich in 24 Stunden 95 cbm oder 187 kg Gas, und es bleiben 175 cbm absorbirt, so dass die ganze Menge freier und gebundener Kohlensäure dieser Quelle 270 cbm oder 531 kg beträgt. Diese beiden Quellen liefern also in 24 Stunden zusammen ein Volumen von 504 cbm Kohlensäure im Gewichte von 991 kg oder nahezu 20 Centnern.

Es war zu erwarten, dass die Industrie sich dieses Vorkommen zu Nutzen machen würde, und so haben die Gebrüder Rhodius von Linz denn auch verschiedene dieser Quellen gefasst und überwölbt und benutzen sie in der Weise, dass die aus demselben gepumpte und die sich von selbst entwickelnde Kohlensäure durch Einspritzung von essigsaurem Bleioxyd zur Bereitung von Bleiweiss dient.

In dem nunmehr folgenden Seitenthale, welches bei Glees beginnt und bei Burgbrohl in das Brohlthal mündet, sind zwölf Sauerquellen bekannt, von welchen die eine, nicht weit oberhalb Burgbrohl befindliche zur Bereitung von doppeltkohlensauren Salzen benutzt wird. Ebenfalls oberhalb Burgbrohl, aber im Brohlthale selbst, strömt die einzige auf der nördlichen Thalseite befindliche Sauerquelle am Anfange einer Schlucht hervor. Weiter thalaufwärts bis Oberzissen befinden sich noch vier Quellen, welche allen übrigen gleich sind.

In dem Seitenthale von Weiler nach dem Hütteberg tritt gleich oberhalb des Ortes ebenfalls eine Sauerquelle hervor, welche der „Gomborn“ heisst.

In dem folgenden Seitenthale, welches von Niederzissen nach Wehr führt, befindet sich in nächster Nähe von Niederzissen der „Sauerbrunnen“, welcher eine Temperatur von 9° R. hat. Dasselbe Thal enthält weiter aufwärts in der Nähe des Dorfes Wehr eine ausserordentlich grosse Menge von Sauerquellen. In dem ganzen Thalkessel, besonders aber auf der östlichen Seite, strömen die Quellen mit Brausen empor. Sechs derselben sind gefasst und bilden vorzugsweise das Getränk der dortigen Bewohner. Die Quellen setzen eine solche Menge von Eisenocker ab, dass derselbe manchmal als Farbmaterial gewonnen wird.

Gleich oberhalb Wehr tritt in einem kleinen Seitenthälchen nochmals eine Sauerquelle hervor.

Oestlich des Laacher Sees sind im Ganzen nur drei Mineralquellen bekannt, welche ebenfalls eisenhaltige Säuerlinge sind, nämlich bei Miesenheim, Plaidt und Nickenich.

In dem See selbst dürften wohl auch, nach den vielen aufsteigenden Bläschen zu .urtheilen, Mineralquellen vorhanden sein, und es lässt darauf auch schon die vollständig eisenfreie Quelle schliessen, welche früher am Fusse des Laacherkopfes in der Nähe der Abtei Laach hervortrat, jetzt aber versiegt ist.

Südlich des Laacher Sees ist nur eine Quelle bekannt, ebenfalls ein eisenhaltiger Säuerling, der „Schmalborn" bei Frauenkirch, welcher mit 11° R. dem devonischen Schiefer entspringt. In neuerer Zeit ist diese Quelle Gegenstand eines grösseren Unternehmens seitens einer englischen Gesellschaft geworden und hat den Namen „Genovevaquelle" erhalten. Man hat sie tiefer gefasst und ein Etablissement dabei erbaut, in welchem das Wasser in offenen Bottichen so lange stehen bleibt, bis sich der Eisengehalt niedergeschlagen hat; dann wird dieses eisenfreie Wasser in Flaschen gefüllt und die in der Umgebung der Quelle hervorströmende, in einem Gasometer angesammelte Kohlensäure hinzugepresst. Eine von dem Chemiker A. Oker in Ettlingen vorgenommene und von den Besitzern mitgetheilte Analyse ergiebt in 1000 Gewichtstheilen Wasser folgende Bestandtheile:

Doppeltkohlensaures Natron	0,57066
" Lithion	0,00297
" Caesiumoxyd u. Rubidium	Spur
" Kalk	0,45009
" Baryt, " Strontian	Spur
" Magnesia	1,22023
" Eisenoxydul	0,00089
" Manganoxydul	0,00018
Borsaures Natron	Spur
Schwefelsaures Kali	0,03249
" Natron	0,23513
Bromnatrium	0,00023
Chlornatrium	0,05688
Jodnatrium	Spur
Kieselsäure	0,04089
	2,61064
Kohlensäure völlig freie	3,58432
Summa	6,19496.

Südwestlich des Laacher Sees und westlich von Obermendig treten oberhalb dieses Oertchens in dem Thale, welches sich nach dem Gänsehals hinzieht, in der sogenannten Erle am nordöstlichen Fusse des Forstberges, zwei

Quellen mit 9° R. zu Tage, von welchen die obere, der „Erlenborn", nach G. Bischof von allen dortigen Quellen den grössten Gehalt an kohlensaurem Kalk und kohlensaurer Magnesia hat.

Zwischen Obermendig und Ettringen, in dem Thale, welches von letzterem Orte herabkommt und bei Thür in das Neuwieder Becken mündet, finden sich wiederum an zwei Stellen mehrere Sauerquellen, von welchen die unteren eine Temperatur von 9° R., die oberen eine solche von 7° R. hat, und von welchen an jedem Punkte eine gefasst ist.

Weiter nach Westen, am Wege von Ettringen nach Kirchesch im Nettethale, in der Nähe der Grube Silbersand quillt zwischen dem Hochsimmer und dem Sulzbüsch ebenfalls ein Säuerling, der „Sulzbrunn", mit 8° R. hervor, welchem weiter nordwestlich bei Rieden die Sauerquelle am Mühlbache folgt. Dem Bache entlang bis zur Nette treten noch verschiedene Mineralquellen aus, und an der Nette selbst, bei Volkesfeld, befindet sich die westlichste Quelle in der näheren Umgebung des Laacher Sees. Diese beiden Quellen sind wegen ihrer ausserordentlich hohen Lage, 359 und 369 m über N. N., besonders interessant.

In grösserer Entfernung vom Laacher See sind noch bekannt die Sauerquellen bei Bassenheim, welche mit einer Temperatur von 10° R. hervorquellen, und von denen die obere, wohl durch Zersetzung des darin enthaltenen schwefelsauren Natron, etwas Schwefelwasserstoff zu enthalten scheint.

Weiter thalabwärts befinden sich noch zwei Quellen, bis an der Ostseite des Dorfes Kaerlich am Bergabhange nach dem Rhein zu die letzte Quelle gefasst ist.

Ausserdem treten an der Mosel, in der Nähe von Cobern, mehrere Sauerquellen hervor. Zuerst befinden sich im Bellthale, welches von Wolken herunter nach dem Langenthale und zur Mosel führt, drei Quellen, welche durch Dr. Arnoldi zu Winningen im Jahre 1836 gefasst worden sind, und deren schon Tabernaemontanus in seinem Wasserschatze Erwähnung thut. Sie entströmen dem devonischen Schiefer mit einer Temperatur von 8° R. Die Analysen dieses Wassers sind vom Apotheker Schlickum zu Winningen im Jahre 1836 und von Dr. Mohr im Jahre 1837 vorgenommen und ergaben nach der Mittheilung des Ersteren folgendes Resultat auf 10000 Gewichtstheile, wobei noch bemerkt wird, dass damals die Temperatur der Quelle bei 28″ 2‴ Barometerstand 9,25° R. und das spezif. Gewicht bei 13° R. und 28″ 2‴ Barometerstand 1,0024275 betrug, und dass 10000 Gewichtstheile Wasser an geglühtem Rückstande nach Schlickum 8,93 und nach Dr. Mohr 12,710 Gewichtstheile hinterliessen.

	Schlickum.	Mohr.
Schwefelsaures Natron . .	Spuren	0,170
Chlornatrium	Spuren	0,161
Phosphorsaures Natron . .	0,16649	—

Kohlensaures Natron . . ,	4.23125		5,159
Kohlensaurer Kalk . . .	2,79062		4,275
Kohlensaure Magnesia . .	1,29485		1,286
Kohlensaures Eisenoxydul .	0,40811	Eisenoxyd	1,033
Kieselerde	0,16743		0,498
Thonerde	—		0,041
Freie Kohlensäure	13,4486		?

Auch diese Quellen sind in die Hände einer englischen Gesellschaft übergegangen, welche das Wasser unter dem Namen „Bellthalbrunnen“ in den Handel bringt.

In dem folgenden, Cobern näher gelegenen Thale befinden sich wieder drei Sauerquellen, für deren sorgfältige Fassung und Reinhaltung aber wenig gethan ist. Dasselbe ist der Fall mit den in dem darauffolgenden sog. Eiligerthale befindlichen vier Sauerquellen, obwohl dieselben wegen ihres bedeutenden Kohlensäuregehaltes und erfrischenden Geschmackes wohl werth wären, gefasst und von dem Zuflusse süssen Wassers abgesperrt zu werden.

Weiter hin nach der höheren Eifel werden die Mineralquellen immer seltener, und es finden sich innerhalb der Reviergrenzen deren nur einige bei Rodenbach und Bodenbach in der Nähe von Kelberg.

V. Lagerungs- und Betriebsverhältnisse auf den wichtigeren Werken. Nachrichten über den früheren Betrieb.

A. Bergwerksbetrieb.

Wenn man von der Anzahl der verliehenen Grubenfelder absieht und nur auf die Zahl der betriebenen Werke und deren Produktion Rücksicht nimmt, so erscheint der eigentliche Bergwerksbetrieb im Reviere von untergeordneter Bedeutung.

Von den zur Zeit vorhandenen 292 Bergwerken sind verliehen auf: Braunkohle 4, Eisenstein 250, Zinkerze 1, Bleierze 20, Kupfererze 14, Manganerze 2 und Schwefelkies 1.

Bergwerke von grösserer Wichtigkeit sind nicht vorhanden, und nur die Zink- und Bleierzgrube Silbersand bei Mayen und die Spatheisensteingrube Norbertus bei Cobern erscheinen einer näheren Besprechung werth. Hinsichtlich der übrigen Gruben werden die bezüglichen Angaben im geognostischen Theile ausreichen, da ihr Betrieb sich, abgesehen von der Bleierzgrube Carden I, noch hoch über den Thalsohlen bewegt hat und meistens schon seit langer Zeit eingestellt ist. Nur die Bleierzgrube Marie bei Cattenes ist hin und wieder betrieben worden.

Grube Silbersand.

Bei dem alten Schlosse Bürresheim unweit Mayen, auf der rechten Seite des romantischen Nettethales befanden sich alte Halden und Pingen, welche auf einen bedeutenderen früheren Bergbau schliessen liessen. Schon Bruckmann (Magnalia Dei in locis subterraneis. Braunschweig 1727) erwähnt dieselben und sagt: „Meyn, Meyen, eine Stadt, hatte vor 150 Jahren noch gute Silberbergwerke, so aber nunmehro gäntzlich eingegangen". Im Jahre 1846 begann man mit Versuchsarbeiten, indem im Haupthaldenzuge, etwa 105 m über der Sohle der Nette, ein Schacht abgeteuft wurde, mit welchem man bei 23 m Teufe einen 1,3 m mächtigen Gang durchbrach, der bei südöstlichem Einfallen und einem Streichen hora 3 Zinkblende, Bleiglanz und Spatheisenstein führte. Auf diesen Aufschluss hin wurde unter dem 26. November 1847 dem Gastwirth Ankenbrand zu Linz am Rhein die Concession zur Gewinnung von Blei- und Zinkerzen und Spatheisenstein auf eine Flächenausdehnung von 2841 Hektaren 74 Aren ertheilt.

Der Versuchsschacht wurde hiernach bis zu 31 m Teufe niedergebracht und von der Sohle aus ein Querschlag in's Hangende getrieben, mit welchem zwei Blende- und Bleierztrümmer von 26 bis 47 cm Mächtigkeit, ein Spatheisensteingang von 94 cm Mächtigkeit und der im Schachte durchteufte Bleierz- und Blendegang in einer Mächtigkeit von 2,2 m durchörtert wurden. Auf letzterem Gange fuhr man streichend in Osten auf und erreichte bald ein 5 m mächtiges Mittel, welches grösstentheils derbe Blende, am Liegenden und Hangenden Bleipocherze, und stellenweise Scheiderze und einige Fahlerze führte. Auf diesem reichen Mittel teufte man ein Gesenk ab und erreichte mit 6,3 m das Liegende des Ganges.

Versuchsstrecken auf den anderen Gangtrümmern hatten insofern ein ungünstiges Resultat, als die Trümmer bald rauh wurden und man auf den alten Mann traf.

Zur tieferen Lösung des Blendeganges und seiner Nebentrümmer setzte man am Gehänge nach dem Nettethale zu den Oberstollen 45 m unter der Hängebank des Versuchsschachtes und 56,5 m über dem Nettespiegel an und trieb denselben 111 m lang nach Norden zu Felde. Man schlug damit an mehreren Stellen in einen von den Alten betriebenen, zusammengegangenen Stollen ein und durchörterte bei 84 m Länge den 7,3 m mächtigen alten Mann, welcher sich als identisch mit dem im Versuchsschachte getroffenen Blende- und Bleierzgange erwies. Im Liegenden dieses alten Abbaues wurde ein 15 bis 47 cm mächtiges Trumm erreicht, welches derbe, feinspeisige Bleierze (62 Pfund Blei und 25 g Silber im Centner) führte. Auf sämmtlichen Gangtrümmern fand sich, dass die Alten nach Osten schon überall Abbau vorgenommen hatten, während nach Westen die Mittel sich entweder auskeilten oder verunedelten. Nur die Blendemittel, welche die Alten nicht zu Gute zu machen wussten, standen noch bis zu 3 m Mächtigkeit an und wurden abgebaut.

Im Dezember 1852 ging die Grube in den Besitz der Altenberger Gesellschaft über, und mit diesem Wechsel begann ein weit regerer Betrieb. Es wurde sofort im Nettethale der tiefe Louisenstollen angesetzt, welcher im Jahre 1855 bei 315 m Länge den Hauptgang erreichte und mit 328,6 m Länge das liegende Saalband anschlug.

Der Gang führte in dieser Mächtigkeit von 13,6 m in drei Mitteln Erze, und zwar stand am Hangenden ein Blei-, Kupfer-, Zinkerz- und Spatheisensteintrumm von 4,2 m, bei 323,4 m Stollenlänge ein solches von 5,2 m und am Liegenden ein reines Blendemittel von 63 cm Mächtigkeit an. Beim Auffahren im Streichen nach Osten und Westen fand man am Hangenden, wie am Liegenden, dass die beiden Saalbänder sich einander näherten und endlich beinahe vereinigten, so dass der Gang sich auszukeilen schien, während die Erzführung in diagonaler Linie von dem Ausgehenden nach der Teufe zu niedersetzte und zwar in der Weise, dass die erzführenden Mittel von Osten nach Westen einschieben.

Das erzreiche Mittel der Grube Silbersand kann in horizontaler Linie auf eine Länge von 210 m angenommen werden, wobei es aber fast nirgends in der ganzen Gangmächtigkeit erzführend aufgeschlossen ist.

Nachdem der Gang durch Mittelsohlen und Theilungsstrecken über der Luisenstollensohle beinahe abgebaut war, wurde im westlichen Feldestheile ein Gesenk 22,4 m abgeteuft und bei 20 m Teufe eine neue Tiefbausohle eröffnet.

Mit dem westlichen Feldorte ist man 120 m am Liegenden aufgefahren und hat den Gang an verschiedenen Stellen bis zu 5 m Mächtigkeit durchbrochen. Hin und wieder führte er derbe Blei- und Zinkerze, welche über dieser Sohle abgebaut wurden; der gesammte Aufschluss hat aber die gehegten Erwartungen nicht vollständig erfüllt.

Um nun eine Lösung in noch grösserer Teufe vorzunehmen, teufte man einen neuen Maschinenschacht ab, welcher unter der Luisenstollensohle eine Teufe von 50,5 m einbringt. Bei 47,5 Ltr. Teufe wurde die neue Tiefbausohle angesetzt und das westliche Feldort begonnen, welches im Jahre 1882 bei 171,6 m Länge den Gang ausrichtete, der in seiner ganzen Mächtigkeit von 5 m derbe, aber antimonhaltige Blei- und Zinkerze führt.

Grube Norbertus.

Zur Zeit der französischen Herrschaft hatte, um die Eisenindustrie im Mosel- und Saardepartement zu heben, der französische Minister des Innern durch Decret vom 20. Mai 1808 eine Gratification ausgeschrieben für die Auffindung eines Spatheisensteinganges in dem genannten Bezirke und diese durch Decret vom 20. Oktober 1809 insbesondere auf die Umgebung von Cobern ausgedehnt (Timoléon Calmelet 1808 und 1810, publicirt in dem Handbuche für die Bewohner des Rhein- und Mosel-Departements in den Jahrgängen 1809 und 1812).

Einige Halden lieferten den Beweis, dass hier in früheren Zeiten Bergbau getrieben war, aber Niemand wusste sich dessen zu erinnern; ebensowenig bestanden Nachrichten über denselben. Man begann mit zahlreichen Versuchen auf den drei Bergkuppen hinter Cobern, dem Mühlenkopfe, Eschenberge und Rosenberge, welche durch zwei kurze, aber tief eingeschnittene Thäler von einander getrennt werden. Trotz dieser mannigfachen Versuchsarbeiten kam das Werk erst am 29. November 1842 zur Verleihung. Es wechselte sehr häufig seine Besitzer, bis es endlich am 24. Juli 1871 an die Firma Fr. Krupp zu Essen überging.

Die Grube liegt in der Nähe von Cobern im Eiligerthale, welches sich von dem Moselthale nördlich gegen den Eiligerhof hinzieht, das Grauwackengebirge durchschneidet und zu beiden Seiten steile, 120 bis 150 m über die Bachsohle sich erhebende Gehänge bildet.

Die erste Lösung der am Ausgehenden erschürften Gänge erfolgte etwa 21 m unter der höchsten Kuppe des Mühlenkopfes durch einen Stollen am westlichen Thalgehänge oberhalb der Auersmühle in 100 m Höhe über dem Eiligerbache. Derselbe wurde spiesswinklig gegen das Gebirgsstreichen getrieben und durchquerte bei 21 m Länge einen Spatheisensteingang, welcher 1 bis 1,3 m mächtig war, ein Streichen hora 7 hatte und mit 40 bis 45° nördlich einfiel. Bei 52,3 m Länge wurde eine 50 bis 65 cm mächtige, hora 6 streichende und mit 50 bis 55° nördlich einfallende Brauneisensteinlagerstätte getroffen. Der darin brechende dichte Brauneisenstein war mit Manganerzen stark imprägnirt und umschloss oft ohne sichtbaren Uebergang Spatheisenstein.

Mit dem 35,6 m unter dem Oberstollen angesetzten Mittel- oder Nikolausstollen wurden noch vor jenen im Oberstollen bekannten Gängen zwei Spatheisensteingänge überfahren, welche sich jedoch bald unter der Stollensohle schaarten. Beim weiteren Auffahren auf dem dritten und vierten Gange nach Westen vereinigten sich auch diese beiden Gänge zu einem 5 m mächtigen Mittel, in welchem reiner Spatheisenstein brach. Nach Osten hin wurden sämmtliche Gänge durch eine flache, mit etwa 50° südwestlich einfallende, hora 10 bis 11 streichende Kluft abgeschnitten.

Während in den oberen Sohlen der Abbau geführt und die Gänge auch in die Teufe untersucht wurden, begann man 60,2 m unter dem Oberstollen eine tiefere Lösung durch einen Stollen, welcher am Zusammenflusse des Eiliger und Solliger Baches angesetzt und 78,4 m lang aufgefahren wurde, ohne jedoch die vorliegenden Gänge zu erreichen. Da man dieses ungünstige Ergebniss dem Verhalten der abschneidenden streichenden Kluft zuschrieb, und im östlichen Abhange des Eiligerthales, dem Eschenberge, durch Schürfversuche einen bisher unbekannten Gang aufgeschlossen hatte, so setzte man bei der Auersmühle, 21 m unter der Mittelstollensohle einen neuen, den Kapellenbergstollen an, welcher in gerader Richtung diesen Gang und durch ein Flügelort unter den Mühlenkopf die dort aufsetzenden Gänge lösen sollte.

Im Eschenberge wurden zwei Gänge überfahren, welche jedoch in ihrer Mächtigkeit sehr wechselnd waren, und von denen der erste sehr bald rauh wurde. Der zweite, 1 bis 3 m mächtige Gang führte mit Spath- und Brauneisenstein viel Schwefelkies und war durch viele Klüfte gestört. Er wurde jedoch bis zu Tage und, soweit es die Wasser zuliessen, auch in die Teufe abgebaut und zeigte dabei ein edles Mittel von ungefähr 250 m Länge. Weitere Versuche im Streichen hatten keinen günstigen Erfolg.

Mit dem Flügelorte unter den Mühlenkopf wurden der erste und zweite Gang zusammengeschaart uud in unedlem Zustande überfahren. Die übrigen drei Gänge führten in wechselnder Mächtigkeit derben Spatheisenstein, wurden aber ebenfalls durch die streichende Kluft abgeschnitten.

Beim Uebergange der Grube an die Firma Fr. Krupp zu Essen wurde sofort zu einer tieferen Lösung geschritten. In dem Dorfe Cobern, nur wenige Meter über dem Niveau der Mosel, setzte man einen tiefen Stollen an, welcher unter dem Kapellenbergstollen eine Teufe von 43,94 m einbringt. Derselbe hat mit einer Länge von 569,92 m den Mühlenkopf unterfahren, auch die in den Gesenken anstehenden Wasser gelöst, aber keinen Eisensteingang ausgerichtet, sondern nur die abschneidende Kluft angehauen.

Weitere Versuchsarbeiten und Querschläge haben kein günstiges Resultat erzielt, und so hat man endlich im Jahre 1880 den Betrieb gänzlich eingestellt.

B. Steinbruchsbetrieb.

Wie unbedeutend der Bergwerksbetrieb im Reviere ist, so grossartig hat sich der Steinbruchsbetrieb entwickelt, welcher besonders durch das Vorkommen und die Gewinnung der vulkanischen Produkte beinahe einzig in seiner Art dasteht.

Nach dem Allgemeinen Berggesetze vom 24. Juni 1865 § 214 sind in den linksrheinischen Landestheilen nur die Dachschieferbrüche, die Trassbrüche und die unterirdisch betriebenen Mühlsteinbrüche der polizeilichen Beaufsichtigung durch die Bergbehörde unterworfen; alle übrigen Steinbrüche unterstehen der Beaufsichtigung durch die Landespolizeibehörde. Das Königl. Oberbergamt zu Bonn hat für die zu seinem Ressort gehörenden Steinbrüche die Polizeiverordnung vom 3. Juni 1871 (Amtsblatt der Kgl. Regierung zu Coblenz Nr. 29, Zeitschrift für Bergrecht Bd. XII. S. 147) und die genannte Kgl. Regierung am 31. Oktober 1880 (Amtsblatt Nr. 47, Zeitschrift für Bergrecht Bd. XXII S. 39) eine Polizeiverordnung für die Anlage und den Betrieb der übrigen Steinbrüche erlassen, durch welche alle früheren bezüglichen Polizeiverordnungen mit Ausnahme derjenigen vom 18. Januar 1861, welche sich auf den Betrieb der Steinbrüche in der Nähe von Eisenbahnen bezieht, aufgehoben worden sind.

a. Unter der Aufsicht der Bergbehörde stehende Werke.

1. Dachschieferbrüche.

Der Dachschiefer gehört weder nach dem Allg. Berggesetze vom 24. Juni 1865 zu den von dem Verfügungsrechte des Grundeigenthümers ausgeschlossenen Mineralien, noch wurde er nach dem französischen Berggesetze vom 21. April 1810 hierzu gerechnet. Dagegen scheint nach der Kurtrier'schen Bergordnung vom 22. Juli 1564 der Dachschiefer, sobald er unterirdisch gewonnen wurde, zu den der Verleihung unterliegenden Bergwerken gezählt worden zu sein; wenigstens steht fest, dass Felder für den Dachschieferbergbau verliehen, Zehnten von der Gewinnung erhoben und ausserdem noch eine Abgabe von 1½ Albus für das Reis „brauner" Leyen und von 1 Albus für das Reis „Fleckenstein" an den churfürstlichen Verwalter entrichtet wurden, wie dies in der Instruktion für denselben vom Jahre 1682 (s. unten S. 66) bestimmt ist. Weitere Urkunden hierüber scheinen nicht erhalten zu sein.

Die einzige im Reviere gebräuchliche Abbaumethode der Dachschieferrichten ist der Querbau mit horizontaler Sohle und danach folgendem Abbau des Gewölbes oder der Herausnahme des Bodens. Nur in ganz flachfallenden Richten wird der Querbau mit geneigter Sohle angewendet. Die Dimensionen der einzelnen Gewinnungsarbeiten übersteigen nur in den seltensten Fällen in der Länge 6 m und in der Höhe 5 m. Je nach der Mächtigkeit der Richt und der Festigkeit des Gesteins bleibt zwischen zwei Gewinnungsarbeiten jedesmal ein entsprechend starker Pfeiler stehen.

Oft hat die Natur selbst dafür gesorgt, dass diese Pfeiler in hinreichend grossen Dimensionen stehen bleiben müssen und häufig genug sogar in bedeutenderer Stärke, als dies die Sicherheit des Baues wohl verlangte. Die Richten werden nämlich vielfach verunreinigt

1. durch sog. Krappen — 0,5 bis 15 cm mächtige Grauwackenschichten, welche in demselben Streichen und Fallen des Dachschieferlagers aufsetzen und nicht allein selbst als Dachschiefer unbrauchbar sind, sondern auch noch das daneben liegende Gestein auf eine grössere Entfernung untauglich machen;

2. durch Blauwacken, wie man die Schwefelkiesnieren nennt;

3. durch Blähen — wellenförmige Biegungen der Richt, welche den Schiefer unspaltbar machen, wodurch das Lager zuweilen auf eine Länge von 30 bis 40, ja sogar bis 50 m unbrauchbar wird. Sie haben meist ein flacheres Einfallen, als die Richt selbst;

4. durch Bingen — ähnliche Biegungen mit feinen Schnitten und noch flacherem Einfallen;

5. durch Wacken, Quarztrümmer;

6. durch dreckige Flecken — feine Spalten, in welchen sich Eisenoxydhydrat abgesetzt hat, und die den Stein oft auf eine Mächtigkeit von 50 cm und eine Länge von 3 bis 4 m unbrauchbar machen; endlich

7. durch Drecksäcke — Klüfte, welche mit Letten und faulen Gesteinen ausgefüllt sind.

Die Schieferung ist beinahe überall der Schichtung parallel oder schneidet dieselbe in einem so spitzen Winkel, dass sich beide kaum von einander unterscheiden lassen. Nur in den Gruben bei Trimbs und Müllenbach ist ein grösserer Unterschied zwischen Schichtung und Spaltbarkeit der Richten bemerkbar. Sehr deutlich ist derselbe an den hohen, schroffen Felsen oberhalb Trimbs auf dem rechten Ufer der Nette, dann aber auch etwa 50 Schritte oberhalb der Grube Katzenloch aufwärts der Nette auf deren linkem Ufer, an den zu Tage anstehenden Schieferrichten zu erkennen. Die Schichtung ist hier beinahe seiger, die Schieferung aber fällt unter 52° gegen Nordwesten ein.

Die Lösung der Schieferlager ist nur an sehr wenigen Stellen durch Schachtanlagen, meistens durch Stollen oder Treppeneingänge erfolgt, in welchen die gewonnenen Schieferplatten von den Arbeitern mühsam auf dem Rücken, oft über 300 m weit zu Tage getragen und hier in Dachschiefer gespalten werden. Nur in diesem unbehauenen Zustande werden sie auf den kleineren Gruben verkauft. Wenn sie, wie dies wohl geschieht, um Transportkosten zu ersparen, auf den Gruben nach irgend einer Form behauen werden sollen, so wird diese Arbeit von hierzu bestellten Dachdeckern vorgenommen.

Auf den meisten Gruben werden nur zwei Sorten von Schiefern dargestellt, die sogen. Moselleyen, welche eine durchschnittliche Grösse von 32 à 26 cm besitzen, und von denen auf ein laufendes Meter ungefähr 145 Stück gehen, und Fleck- oder Königsleyen, auch Stichlinge, Sticherlinge oder Tabaksleyen genannt, welche aus dem Abfalle dargestellt werden. (Vergl.

Ludwig, Der rheinische Dachschieferbergbau. Zeitschrift für das Berg-, Hütten- und Salinenwesen Bd. XV, Abth. B, S. 128 ff.).

Der nördlichste Punkt, an welchem im Reviere Dachschiefer gewonnen worden sind, ist bei Lederbach im Kreise Adenau. Es setzen hier mehrere Richten auf, welche aber ein so ungünstiges Verhalten zeigten, dass man sie nicht mehr weiter bebaute.

Die die Gruppe bei Trimbs eröffnende Reihe beginnt mit den Gruben Werner, von Brewer und Nell bei Frauenkirch. Dann folgen die Gruben Kirchley und Joseph im Nettethale bei Ochtendung, Susanna in demselben Thale bei Welling und hierauf die in nächster Nähe von Trimbs, ebenfalls im Nettethale gelegenen Gruben Kelbach, Margaretha, Petersberg, Wasserley, Hundsley, Philippsberg I und II, Kretzersley I und II, Mühlenberg I bis VI, Gute Hoffnung, Agnes, Wilbert, Müller, Anna, Barbara I und II, Johannes, Trappestück, Katzenloch, Bauer, Peter, Nicolaus, Burgberg, Joseph, Hostert, Morgensonne, Michel und Hermann Joseph, dann die näher nach Hausen zu gelegenen Gruben Hasenloch und Peter und Paul. Alle diese Gruben bauen auf mehr als 25 Richten, welche eine Gesammtmächtigkeit von über 200 m haben. Das Streichen derselben ist hora 4 und ihr Fallen auf der nördlichen Netteseite unter 80° in Südwesten, theilweise stehen dieselben auch ganz seiger, während auf dem rechten Netteufer das Fallen unter 70 bis 80° in Nordosten ist. Die Schieferung hat einen durchschnittlichen Fallwinkel unter 52° in Nordwesten. Die Gruben sind niemals alle zu gleicher Zeit im Betriebe gewesen; wenn aber die Preise der Dachschiefer einigermaassen einen Gewinn erzielen lassen, werden immer wieder neue Versuche angestellt.

Das bedeutendste Werk dieser Gruppe ist die Grube Hasenloch unweit Hausen bei Mayen, welche auf 4 Richten baut, von welchen die erste eine Mächtigkeit von 8 m, die zweite von 7 m, die dritte von 8 m und die vierte von 10 m hat. Sie fallen unter 80° in Südwesten ein und haben ein Streichen hora 4. Die Richten werden zwar von einzelnen Klüften durchschnitten, aber nicht verworfen; auch die Mächtigkeit derselben ist in der bis jetzt ausgerichteten Länge im Streichen von 300 m eine ziemlich constante gewesen. Die Grube besitzt eine Dampfmaschine zur Förderung und Wasserhaltung und baut in einer Teufe von 85 m. Ausser den gewöhnlichen Moselleyen werden hier auch sog. Halbe, Viertel und Achtel dargestellt. Von den Halben deckt ein laufendes Meter bei $^1/_3$ Ueberdeckung ca. 6 qm, von den Vierteln 4 qm und von den Achteln $2^1/_2$ qm. Ausserdem sind Schablonenschiefer vorräthig und zwar sechseckig rechtwinklige, deren diagonale Länge und Breite von 52 à 41 cm bis zu 26 à 19 cm hinabsteigt, und von welchen, um ein qm zu decken, 12 bis 52 Stück erforderlich sind; ferner sechseckig spitzwinklige von 52 à 35 bis 28 à 19 cm diagonaler Länge und Breite, von denen man zur einfachen Deckung eines qm 14 bis 50 Stück bedarf, endlich rechteckige von 25 à 50 cm bis 15 à 28 cm Länge und

Breite, von welchen man zur Doppeldeckung eines qm 19 bis 70 Stück nothwendig hat.

Die Grube hat eine Belegschaft von durchschnittlich 48 Arbeitern.

Dr. Mertitsch in Mayen hat zwei Stücke Dachschiefer von dieser Grube einer Analyse unterzogen, das hierüber freundlichst mitgetheilte Resultat ist folgendes:

	Nr. 1.	Nr. 2.
Kieselsäure. . . .	57,00	57,00
Thonerde	21,00	17,00
Eisenoxyd	11,04	11,30
Magnesia	5,60	5,75
Kalkerde	1,00	1,36
Kali	1,80	2,00
Schwefel	0,10	0,10
Glühverlust . . .	2,50	5,40
	100,04	99,91.

Das Schiefervorkommen südlich von Mayen tritt in etwa 10 Richten auf, welche durch die Gruben Rathscheck, Glückauf, Zaunkönig, Margaretha, Reif, Paradies, Georg, Sauerborn, Flecktheuer, In der Hölle, Backeberg, Helene, Magdalena, Back, Morgenstern, Bann, Maria, Heising, Bickert, Anna, Barbara I u. II und St. Catharina aufgeschlossen sind. Die kleineren dieser Gruben sind jedoch schon seit längerer Zeit ausser Betrieb und dürften kaum wieder bearbeitet werden.

Die wichtigeren Werke dieser Gruppe sind die Gruben Rathscheck und Glückauf bei Mayen. Beide haben Dampfmaschinenanlagen zur Förderung und Wasserhaltung. Erstere baute in oberer Sohle auf zwei Richten, von welchen die hangende 17 m und die liegende 35 m mächtig war. Das Fallen war unter 70° in Südosten. In der jetzigen 80 Metersohle besteht das Zwischenmittel ebenfalls aus edlem Gestein, und man hat bei weiterem querschlägigen Auffahren von beinahe 100 m das Liegende der Richt noch nicht erreicht. Auch im Streichen hat das Schieferlager auf 300 m Länge nur geringe Aenderungen gezeigt. Die Grube beschäftigt durchschnittlich 45 Arbeiter und producirt dieselben Sorten Schiefer, wie die Grube Hasenloch.

Die Grube Glückauf, welche erst in neuerer Zeit ihre Maschinenanlage beendigt hat, baut auf nicht ganz so mächtigen Richten, beschäftigt im Durchschnitte 25 Arbeiter und liefert dieselben Schiefersorten.

Der Dachschieferbergbau bei Trimbs, Hausen und Mayen ist schon Jahrhunderte alt, fand jedoch offenbar während langer Zeit nur durch Tagebau statt. Es sind über ihn keinerlei schriftliche Nachrichten vorhanden, und nur die bedeutenden alten Halden, die Gestaltung der Gehänge des Nettethales und besonders die noch wohl erhaltenen Dächer der alten Thürme, Burgen und Kirchen, welche nur äusserst selten einer Reparatur bedürfen, legen ein beredtes Zeugniss von dem Alter und der grossen Bedeutung des Dachschieferbergbaues dieser Gegend und der vorzüglichen Eigenschaften seiner Erzeugnisse ab.

Als Uebergang von der zweiten zur dritten Gruppe treten die Gruben bei Kehrig, Düngenheim und Urmersbach auf. Es werden hier in den Gruben Bausberg, Barbara, Neuholland, Kaisersglück, Elzbach, Gertrudensglück I bis III, Geisenberg, Elisabeth, Peter, Nicolaus, Maria Gertrude, Concordia, Joseph, Anton, Barbara, Pickard, Haard, Fuhrmann, Josephsglück, Johannisberg, May und Schneider auf etwa eine Stunde Entfernung 12 Richten bebaut, welche eine Gesammtmächtigkeit von mehr als 170 m haben, und von denen augenblicklich noch viele betrieben werden. Die bedeutenderen unter ihnen sind die Gruben Bausberg und Barbara bei Kehrig, von welchen letztere eine Dampfmaschinenanlage zur Förderung und Wasserhaltung errichtet hat und auf einer 24 m mächtigen Richt Betrieb führt, während erstere zwei 16 und 22 m mächtige Lager bebaut. Die Gruben sind sämmtlich erst in der Neuzeit begonnen worden, und ihre Ausdehnung ist daher noch nicht sehr bedeutend.

Hierauf folgt die dritte, die südlichste Gruppe bei Kaisersesch. Bei den Dörfern Müllenbach, Laubach und Masburg sind mehr als 40 Dachschieferrichten bekannt, welche eine Gesammtmächtigkeit von wenigstens 250 m haben. Es werden jedoch nur 25 Richten in den Gruben Oligskaul I, II, III und IV, Peter, Höllenpforte, Heidenloch, Nachbarin I und II, Gaudesloch, Tiefer Glücksanfang, Glücksanfang und Unterescherkaul oder Neuer Pütz oberer und unterer Eingang, Brück I bis IV, Lerchenfang, Zwietracht, Walgenbach I und II, Mairöschen, Welter, Gorges I und II, Gertrude, Mayer, Oberhirsch, Wolf, Rosen, Sisterbach, Steffes, Stockberg, Mathias, Berenz, Marie, Schopp, Gutglück und Hasenwieschen auf dem Banne von Laubach; Colonia, Marthenthal I und II, St. Catharina, Paffrath, Güttenkäulchen, Gute Hoffnung, Wolfertsthälchen, Neue Hoffnung, Goldschmidt und Mühlenkäulchen auf dem Banne von Müllenbach; Ausdauer I und II, Bernhardsruhe, Jacob, Jansen, Reifgeswies, Mathias, Germania, Anna, Fortuna, Rieden und Joseph auf dem Banne von Kaisersesch; Werresnick, Lucas, Constantia, Reichard, Ostermann, Kronwieschen, Gerharz, Steffes, Hoffnung, Johannes, Stempler, Amalia und Marcus auf dem Banne von Masburg; Antonius auf dem Banne von Landkern; Steinmann und Alflina im Hochpochtener Walde; Auguste, Marthenthal und Endert am Endertbache bebaut. Auch hier sind die meisten Gruben in der Regel nicht betrieben.

Als die wichtigsten dieser Richten sind die in den Gruben bei Müllenbach und Laubach zu beiden Seiten des Kaulenbaches bebauten anzuführen. Es treten hier, vom Hangenden zum Liegenden gerechnet, bei einem Streichen hora 4 bis 5, einem Fallen unter durchschnittlich 45° in Südwesten und einem Fallwinkel der Schieferung von 55° in Südwesten folgende 8 Richten auf:

1. Die Wackenricht mit	26 m	Mächtigkeit,
2. Die Eschenkaulerricht mit	8 m	„
3. Die Pützricht mit	16 m	„
4. Die Keipsricht mit	16 m	„
5. Die Stollepeterricht mit	5 m	„
6. Die Oberkauler- od. Wiesengrubenricht mit	20 m	„
7. Die Goldschmidtsricht mit	12 m	„ und
8. Die Oligskaulerricht mit	18 m	„
Sa.	121 m	Mächtigkeit.

Die einzelnen Richten sind durch 4 bis 6 m mächtige Zwischenmittel, sogen. Krappen, von einander getrennt, welche häufig noch recht guten Stein führen, so dass unter Hinzurechnung dieser 35 m die ganze Schieferablagerung an dieser Stelle eine Mächtigkeit von 156 m besitzt.

Die bedeutendsten Werke sind die Gruben Colonia bei Müllenbach mit durchschnittlich 38 Arbeitern und Constantia bei Masburg mit durchschnittlich 23 Arbeitern; die übrigen Werke beschäftigen nach dem Durchschnitte der letzten 15 Jahre 285 Arbeiter.

Der Dachschieferbergbau ist hier nicht so alt, wie jener bei Trimbs und Mayen; sein Entstehen dürfte indess doch mindestens in das 17. Jahrhundert zu verlegen sein. In der ersten Zeit fand der Betrieb auch hier nur durch Tagebau statt, bis sich gegen Ende des vorigen Jahrhunderts Wallonen oder Franzosen ansiedelten, welche den unterirdischen Betrieb begannen. Von ihnen stammen auch die vielen hier bei dem Grubenbetriebe gebräuchlichen fremden Ausdrücke her (z. B. Fourage statt Grundstrecke).

In dem Staatsarchive zu Coblenz befindet sich eine Korrespondenz aus dem letzten Jahrzehnte des vorigen Jahrhunderts zwischen einem solchen ausländischen Betreiber Namens Rido mit der kurfürstlich trierischen Verwaltung, woraus sich u. A. auch ergiebt, dass die Grube desselben verliehen war und von ihr die Zehntabgabe entrichtet werden musste.

Auf dem südöstlichen Muldenflügel sind nur weniger bedeutende Gruben in Angriff genommen worden. Die Richten fallen hier meistens flach, haben dann nicht immer die bedeutende Mächtigkeit und liefern kein ganz so vorzügliches Material, wie die steiler fallenden Lager des nordwestlichen Flügels.

Im Ganzen sind dort etwa 20 Richten aufgeschlossen, welche in den Gruben Bewinkel bei Hambuch, Gott mit uns bei Gamlen, Helfertsberg bei Einig, Kuhstiefel, Honigsgraben, Rotterberg, Holzwiese, Antonius, Barbara, Jacobi, Antwiese, Nicolaus, Maria und Wiesplatz bei Gering und Collig, Grapp I bis III bei Mertloch, Margaretha bei Forst und Bertram I bis IV und Schaefer bei Moselsürsch im Moselthale bebaut worden sind oder noch bebaut werden.

Ein steileres Fallen bis zu 60° haben die Richten wieder am Moselgehänge angenommen; in der Grube Bertram III beträgt die Mächtigkeit des Lagers 14 m, und der Schiefer ist auch wieder von besserer Qualität, bricht aber nicht in so grossen Dimensionen, wie jenseits der Muldenlinie. Die ältesten Gruben auf diesem Muldenflügel dürften die im Elzthale unweit Mertloch sein.

2. Mühlsteinbrüche.

Wie schon erwähnt, gehört ebenso wie der Dachschiefer auch die Mühlsteinlava nach der neueren Gesetzgebung nicht zu den Gegenständen der Bergwerksverleihung; aber auch sie scheint, vielleicht nur, wenn sie unterirdisch gewonnen wurde, nach der kurtrierischen Bergordnung zu den Regalien gerechnet worden zu sein; wenigstens musste nach der Instruktion für den kurfürstlichen Verwalter vom Jahre 1682 eine bestimmte Abgabe von den einzelnen Steinsorten entrichtet werden. Dieselbe folgt hier nach ihrem Wortlaute, jedoch in heutiger Schreibweise.

Instruktion

über das kurtrierisch-Mayenisch und Pellentzische[1]) Steinwerk, so Franz Steusen, Ihrer kurfürstl. Durchlaucht zu Köln hohen Rittergerichts zu Andernach Schöffen und des Raths daselbsten, als kurtrierischem Verwalter darüber ertheilet und den 5. Mai 1682 zugestellt worden.

Erstlich soll er, Verwalter, von jedem gelieferten Wagen Tuffstein, dafür zwei Kisten gerechnet werden, erheben $^3/_4$ R.-Thaler[2]).

Item von einem runden Breitstein[3]), so in Lieferung kommt, nach Verhältniss der Treetzen[4]) zu rechnen und zu erheben neben der gebührenden Accise, so thut 5 Kopfstück[5]), noch 5 Kopfstück, thut zusammen . . . . 10 Kopfstück.

Von einem Siebenzehner auf Lieferung sowohl, als von einer siebenzehner Jungfer-Mühlstein, von jedem . . $2^1/_2$ Kopfstück.

---

1) Die Pellentz, Pellenz, Pallentia umfasste die Orte Bell, Betzing, Eich, Ettringen, Hausen, Kottenheim, Kretz, Kruft, Nickenich, Niedermendig, Obermendig, Plaidt, Thür, Trimbs, Wassenach und Welling (Wirtgen, Neuwied und seine Umgebung).

2) Ein Reichsthaler = 2,25 Mark.

3) Breitsteine scheint man Mühlsteine von aussergewöhnlich grossen Dimensionen genannt zu haben.

4) Trezenum, der dem Landesherrn als laudemium für die Erlaubniss des Verkaufs abzugebende dreizehnte Theil des Kaufpreises.

5) Ein Kopfstück ungefähr 56 heutige Pfennige.

Item von einem Sechzehner auf Lieferung und einer sechzehner Jungfer, von jedem	15 Albus [1]).
Item von einem Fünfzehner	2 Kopfstück.
Item von einem Vierzehner	12 Albus.
Von einem Dreizehner und Wölfchen	6 Albus.
Von einer Queren und Zwölfer	2 Albus.
Von einer Queren von 11	14 ₰
Von einer Queren von 10	12 ₰
Von einer Queren von 9	10 ₰
Von einer kleinen Queren von 8	1 Albus.
Von 100 Stück Platten, ingleichem von einem Gangstücker [2]) per 100 Fuss, worunter alle Steinhauerarbeit verstanden wird	10 Albus.
Von einem Reis brauner Leyen [3])	$1^1/_2$ Albus.
Von einem Reis Fleckenstein [4])	1 Albus.

Weil aber die Tuffsteine, so in kurkölnischer Botmässigkeit in der Stadt Andernach von alten Mauern gebrochen, laut hierüber ertheilten kurfürstl. Befehls von dieser trierischen Auflage befreit, so soll nichts desto weniger der kurtrierische Verwalter von allen denen, davon in seiner Rechnung von den Bürgern oder so solche geliefert, gebührlichen Schein aufweisen. Hiergegen, damit die Kummerschaft [5]) nicht gesteift [6]) und männiglich zum Besten continuirt werden möge, ist mehrgenanntem Verwalter erlaubt, dem Kaufmann zum Besten von 10 Einen an dem Licenzgeld nachzulassen. Soviel aber die gewöhnliche Accise betrifft, soll selbige der Verwalter ohne einigen Nachlass einnehmen und selbige dem kurfürstlichen Kellner zu Mayen oder Dero Rentkammer treulich verrechnen und einliefern. Dabei ihm aber obliegen soll, alle und jede runde Breitsteine sowohl, als runde Sechzehner in seinem Passzettel nach Hammerstein für Breitsteine und Sechzehner einzusetzen; die Siebenzehner und Sechzehner aber, so abgeliefert und gar aus Lieferung sind, soll er jeden per ein Sechzehner der

1) Ein Albus ungefähr 6 Pfennige.

2) Unter Gangstücker dürften solche Steine verstanden sein, welche die Breite der Platten, aber eine grössere Länge besassen und etwa den heutigen Trottoirplatten entsprachen; auch sind darunter vielleicht die Treppentritte zu verstehen. Die Treppen nennt man auf den Mühlsteingruben noch heute Gang.

3) Die damals noch in oberer Teufe gewonnenen Dachschiefer hatten nicht die schöne blaue Farbe, wie in grösserer Teufe, und scheinen deshalb braune Leyen genannt worden zu sein.

4) In Folge von Eisenoxyd gefleckte Dachschiefer.

5) Gesellschaft.

6) gehemmt.

Ruth[1]) und nicht der Lieferung nach eindingen und in seinem Passzettel nach Hammerstein einsetzen. Gleichergestalt soll er sich mit allem Steinwerk gehorsamst verhalten und den Anschlag in den Verzollungen alles auf Trierische Münze verrechnen.

Geg. Ehrenbreitstein unter Ihrer kurfürstl. beigedrucktem Kammersecret den 5. Mai 1682.

Ex mandato Emminentissimi
Cardon.

Gewiss ist der Betrieb auf der Mühlsteinlava schon ein uralter, der, nach den in römischen Niederlassungen aufgegrabenen Mühlsteinen zu schliessen, sogar in die Zeit der Römer hineinreicht; doch sind diese Gruben ganz verschüttet und meistens mit Wald bewachsen. Die ältesten Arbeiten fanden wohl da statt, wo die Lava zu Tage anstand, also, wie im geognostischen Theile schon erwähnt, auf dem Windfelde und ausserdem noch im Cottenheimer Walde. Unzählige Einsenkungen und trichterartige Vertiefungen, in welchen vor etwa 50 Jahren Buchen und Eichen von 4 bis 5 m Umfang gefällt worden sind, deuten auf den lebhaften Betrieb hin, welcher in der Vorzeit an diesen Stellen umging. Auch östlich von Niedermendig, zu beiden Seiten des Laachgrabens, lassen grosse Erdkessel, an deren Rändern gewaltige Eichen stehen, auf einen alten Betrieb schliessen, der hier schon im 14. Jahrhundert geblüht haben soll.

Während die erste Gewinnungsmethode nur in Tagebau bestand, lassen die trichterartigen Vertiefungen darauf schliessen, dass später der Betrieb durch Abteufen von Schächten stattfand. Diese Schächte waren jedoch nicht bis an die Oberfläche des aufgelagerten Gebirges geführt, da man bei der Aufwältigung derselben im Tiefsten niemals Material zum Ausmauern gefunden hat, was doch der Fall sein müsste, wenn man annehmen würde, dass die Vertiefungen durch Einsturz der Schächte entstanden seien. Es scheint vielmehr, dass die Alten mit sanften Böschungen bis auf den Stein niedergingen, und dass sich in diesen Böschungen flach fallende, bis in die Grube geleitete Wege (Schneckengänge) befanden, auf welchen die nicht sehr grossen Gesteinsblöcke mit leichten Handkarren herausgefahren wurden.

Gegenwärtig findet der Betrieb da, wo das aufgelagerte Gebirge nicht sehr mächtig ist, wie auf dem Windfelde, bei St. Johann und Ettringen und auf dem nördlichen und südlichsten Theile des Lavafeldes bei Mayen, unter Abräumen des Obergebirges nur durch Tagebau statt. Auf dem mittleren

1) Ruth wird auf den Gruben der Maassstab genannt. Hiernach gab der Verwalter die Mühlsteine, welche nach Hammerstein zur Weiterverschiffung nach Köln und Holland gingen, in seiner Deklaration nur als Breitsteine oder Sechzehner, letztere aber wiederum nur dem Maass, also wohl der Dicke nach an.

Theile des Grubenfeldes bei Mayen und auf dem Lavastrome bei Niedermendig, wo das Obergebirge eine grössere Mächtigkeit besitzt, geschieht die Gewinnung nur durch unterirdischen Betrieb.

Ein Schacht von durchschnittlich 17 Fuss oder 5,34 m Durchmesser wird bis auf den festen Stein, den sogen. Ring, auf welchen die Schachtausmauerung aufgesetzt und bis zu 1 m Höhe über die Oberfläche aufgeführt wird, niedergebracht. Dann wird das Siegel in einer Mächtigkeit von meistens 2,5 m durchteuft, auf dessen Festigkeit und besonders auf dessen horizontal wellenförmiger Bildung der Seitenflächen der einzelnen dünnen und fest in einander schliessenden Lavasäulen, woraus dasselbe besteht, allein die Sicherheit der Decke des ganzen unterirdischen Baues beruht.

Unter dem Siegel beginnt der Abbau in der Weise, dass unter jedem Schachtringe drei starke Sicherheitspfeiler stehen bleiben. Während der Schacht immer weiter bis auf den unteren Dielstein abgeteuft wird, geht man mit einem beinahe 2 m hohen Einbruche, dem „Geglöcks“ zwischen den Schachtpfeilern hindurch und gewinnt dann die einzelnen, 2 bis 3 m starken Schienen, indem dieselben in einer angemessenen Höhe geschlitzt und durch eingetriebene kleine Keile („Wecke“) nach und nach bis in's Tiefste weggebrochen werden. Bei dem Fortschreiten dieser Gewinnung wird stets darauf Bedacht genommen, dass in Entfernungen von durchschnittlich 6 m wieder geeignete Sicherheitspfeiler zur Stütze der Decke stehen bleiben. Das gewonnene Material wird vermittelst nicht sehr kunstvoll hergestellter Göpelwerke zu Tage geschafft und hier von den Steinhauern zu allen möglichen Arten von Werksteinen bearbeitet. Diejenigen Gesteinsstücke, welche wegen ihrer Porosität und Grösse sich zu Mühlsteinen eignen, werden in der Regel hierzu verwendet und vor dem Herausfördern schon in der Grube selbst von den Leyern rund behauen.

Die Mühlsteine besitzen ganz verschiedene Dimensionen und haben ihre Namen nach der Zahl der Zolle ihrer Dicke in kurkölnischem Maasse erhalten. So haben:

ein Siebzehner	17	Zoll	Dicke	und	5′ 3″	Durchmesser,
ein Sechzehner	16	„	„	„	4′ 10″	„
ein Fünfzehner	15	„	„	„	4′ 6″	„
ein Vierzehner	14	„	„	„	4′ 2″	„
ein Dreizehner	13	„	„	„	3′ 10″	„
die Wölfe	12	„	„	„	3′ 6″	„
	11	„	„	„	3′ 4″	„
	10	„	„	„	3′ 2″	„
eine zwölfter Quere	8	„	„	„	3′	„
eine elfter „	8	„	„	„	2′ 10″	„
eine zehnter „	6	„	„	„	2′ 8″	„

eine ½ zehnter	Quere	6 Zoll	Dicke und	2′ 8″	Durchmesser.
eine neunter	„	6 „	„ „	2′ 4″	„
eine ½ neunter	„	5 „	„ „	2′ 2″	„
eine achter	„	5 „	„ „	2′ —	„

Die grossen Mühlsteine vom Siebzehner bis zum Dreizehner werden, wenn sie zwar den erforderlichen Durchmesser, aber nicht die normale Dicke haben, „Juffern“ oder „Jungfern“ genannt. „Ganz“ heissen dieselben, wenn sie keine Risse oder grössere fremdartige Einschlüsse haben, „silberganz“, wenn sie von der besten Qualität und ohne jeden Fehler sind, in welchem Falle sie einen silberhellen Klang haben. „Lahm“ nennt man sie, wenn sie einen unschädlichen Riss haben, „ganz lahm“ wenn sie nicht anders, als mit einem eisernen Ring umgeben, zu gebrauchen sind.

Diese alten Bezeichnungen hat man auch gegenwärtig noch beibehalten, aber für den Handel in den einzelnen Dimensionen noch verschiedene Unterabtheilungen gemacht. Es halten jetzt die grösseren Firmen Mühlsteine in folgenden auf Metermaass reducirten Dimensionen auf Lager vorräthig:

Laufende Nr.	Benennung.		Anzahl der Sorten.	Dimensionen des Durchm. in cm	Dimensionen der Dicke in cm
1.	Siebzehner	voll	6	150,4	57,5—41,8
2.	„	Juffer	4	150,4	36,7—23,5
3.	Sechzehner	voll	5	139,9	52,3—39,2
4.	„	Juffer	5	139,9	34,0—20,9
5.	Fünfzehner	voll	6	129,4	52,3—36,7
6.	„	Juffer	4	129,4	31,4—20,9
7.	Vierzehner	voll	6	119,0	52,3—34,0
8.	„	Juffer	4	119,0	31,4—20,9
9.	Dreizehner	voll	5	108,5	52,3—31,4
10.	„	Juffer	4	108,5	26,2—18,3
11.	Wolf	voll	5	96,8	47,1—28,8
12.	„	Juffer	3	96,8	23,5—18,3
13.	Zwölfter	Quere	5	90,9	31,4—15,7
14.	Elfter	Quere	5	85,9	31,4—15,7
15.	Zehnter	Quere	5	77,1	31,4—15,7
16.	Neunter	Quere	4	66,7	26,2—15,7
17.	Achter	Quere	4	58,4	23,5—13,1

In früherer Zeit hatten diese Mühlsteine einen weit grösseren Absatzkreis, als gegenwärtig, indem es nicht selten war, dass sie sogar nach Amerika und Ostindien versandt wurden. Schon seit Jahrzehnten machen ihnen aber die Champagner-Mühlsteine grosse Concurrenz. Vielleicht wäre es möglich, dieser mit grösserem Erfolge gegenüber zu treten, wenn man das Verfahren, welches man in der Champagne zur Herstellung der Mühlsteine anwendet, ebenfalls zur Fabrikation von Mühlsteinen besserer Qualität annähme, indem man nämlich den Mühlstein aus einzelnen Stücken zusammensetzte und diese durch einen eisernen Ring verbände. Es unterliegt wohl keinem Zweifel, dass man dann weit eher Mühlsteine von ganz gleicher Porosität und Beschaffenheit zusammenfügen kann, als wenn man sie in einem einzigen grossen Stücke gewinnt.

Da der Betrieb der Mühlsteingruben uralt ist, so konnte es nicht ausbleiben, dass sich zwischen dem Grundbesitzer, „dem Erben", und den Arbeitern Verträge bildeten, welche allmählich zur festen Regel wurden und noch heutzutage, wenn vorher kein anderer Vertrag verabredet worden ist, wie dies namentlich bei grösseren Firmen meistens zu geschehen pflegt, bei Streitigkeiten vor Gericht als gültige Observanz angenommen werden. Dieses „Leyerrecht" ist auf den Mühlsteingruben bei Mayen weiter ausgebildet, als auf jenen bei Niedermendig, wo schon frühzeitig das Eigenthum grösstentheils in die Hände von Kaufmannsfirmen übergegangen war. Der Name „Erbe" bezieht sich nur auf den Besitzer eines Grundstückes, unter welchem die Mühlsteinlava durch Leyer nach dem Leyerrechte gewonnen wird, zum Unterschiede von denjenigen Grundbesitzern, welche als Kaufleute mit sämmtlichem gewonnenen Materiale Handel treiben und mit den Leyern wie mit den Steinhauern besondere Verträge abschliessen, und weiter zum Unterschiede von denjenigen Grundbesitzern, welche ihr unterirdisches Eigenthum als Eigenlöhner selbst gewinnen, obwohl auch diese sich wieder in gewisser Beziehung, besonders bei der Wegnahme des Seigers, nach dem Leyerrechte richten müssen.

Bei Begründung eines solchen Verhältnisses, in welchem der Leyer ungefähr die Stellung eines Halbwinners einnimmt, geht der Erbe folgende Verpflichtungen ein:

1. Er giebt sein Grundstück zur unterirdischen Ausbeute ab, wobei er weiss, dass ihm die Oberfläche nach und nach auf eine lange Reihe von Jahren zu jeder anderen Benutzung vollständig unbrauchbar wird.

2. Er lässt auf seine Kosten den Schacht durch den Ring bis auf den festen, brauchbaren Stein abteufen. Ueber diese Abteufungskosten schliesst er mit den Leyern einen besonderen Vertrag ab, der aber gelöst ist, sobald man unter dem Ringe auf „Framm" trifft, d. i. ganz dichte, oft in's Röthliche gehende Lava, welche nicht zu Mühlsteinen verwendet werden kann.

3. Zum Schachtabteufen liefert er das Gezähe.

4. Er beschafft die Winde, die Fahrten und einen zweiräderigen Karren; die erstere in Niedermendig mit sämmtlichem Zubehör, in Mayen aber ohne Ruthe und Scheibe.

5. Er bezahlt dem Leyer das Entlegen der Grube besonders, d. h. er lässt den Schacht noch 10 Fuss (3,14 m) unter dem Schachtringe weiter

abteufen und rund herum den doppelten Durchmesser eines Siebzehners hinwegnehmen. In Niedermendig beziehen die Leyer hierfür eine bestimmte Summe, je nach der Beschaffenheit des Steines 600 bis 1200 ℳ, in Mayen dagegen erhält jeder Leyer einen 17er oder 16er Mühlstein, wie sie gerade fallen, jedoch in der Weise, dass den ersten die Leyer erhalten, den zweiten der Erbe, den dritten wieder die Leyer, den vierten der Erbe und so fort, bis jeder Leyer mit einem Mühlsteine bedacht ist.

6. Er muss, wenn wenige Mühlsteine fallen, der Leyer also nicht zu einem genügenden Tagelohn kommt, diesem durch eine besondere Unterstützung etwas „zu Gute thun".

Der Leyer übernimmt dem Erben gegenüber folgende Verbindlichkeiten:

1. Er stellt die Förderkette, Schleppkette und die Förderkörbe, auf den Brüchen bei Mayen ausserdem auch die Gatterruthe und die Scheibe zum Göpelwerke. Beim Abbau liefert er auch sämmtliches Gezähe und sorgt für dessen Unterhaltung, Schärfung und Stählung.

2. Er treibt das Geglöcks vor, bricht die Schienen nach der Anweisung des verantwortlichen Aufsehers ab und nimmt besonders Bedacht auf die Gewinnung von Mühlsteinen, welche er auch in der Grube roh behauen muss.

3. Er muss beim Gewinnen der Schienen stets „Stand" lassen, darf also nicht alle Schienen, welche durchglockt sind, wegbrechen, sondern muss so viel stehen lassen, dass sich ein Arbeiter bequem hinstellen und das weitere Geglöcks beginnen kann. Man rechnet hierzu gewöhnlich 4 Quadratfuss (0,63 m im Quadrat).

4. Beim Abbau des Seigers, d. i. derjenigen Schienen, welche unter der Grenze mit Nachbargrundstücken vorkommen und von demjenigen Betreiber gewonnen werden dürfen, der sie mit dem Geglöcks zuerst erreicht hat, muss er die darauf bezüglichen Bestimmungen erfüllen. Er muss nämlich dem anderen Grundbesitzer die Hälfte des Erbengeldes für jeden Siebzehner oder Sechzehner entrichten, ferner bei der mit dem unbrauchbaren Abfalle aufzuführenden Mauer, „der Häg", die Brust nach der Seite des Nachbargrundstückes errichten und diese soweit von der ersten Nachbarschiene beginnen, dass der Leyer in diesem Zwischenraume von seinem Gezähe freien Gebrauch machen kann, er muss „Hammerzug" lassen.

5. Obwohl sämmtliches gewonnene Material mit Ausnahme der Mühlsteine sein Eigenthum ist und er auch die Steinhauer zu bezahlen hat, so muss er dem Erben doch das Vorkaufsrecht gestatten.

6. Er hat an den Erben das Erbengeld zu entrichten. Dieses berechnet sich folgendermaassen: Von jedem 17er oder 16er Mühlsteine oder der gleichnamigen Juffer erhalten die Leyer zwei Drittel des Preises, dann gehen von demselben noch ein Elftel als Lehngeld, 75 ₰ für die Kette und bei jedem Siebzehner noch 2,25 ℳ als Lagergeld ab; der Rest ist das Erbengeld. Mühl-

steine, welche nicht sogleich verkauft, sondern auf Lager gebracht werden, werden abtaxirt.

Wie man sieht, ist dieser Vertrag für die Leyer ausserordentlich günstig, und der Erbe findet nur dann seine Rechnung, wenn recht viele Mühlsteine producirt und zu einem hohen Preise abgesetzt werden.

Einerseits ist nun der Werth derselben durch die schon erwähnte Concurrenz der Champagner-Mühlsteine sehr gesunken, andererseits hat der Verbrauch an Werksteinen und Quadern so zugenommen, dass auf die Gewinnung von Mühlsteinen nicht mehr der volle Werth gelegt wird, wie früher. Deshalb wird jetzt meistens von den Werksbesitzern mit den Leyern ein besonderer, von diesem Leyerrechte abweichender Vertrag abgeschlossen.

Die meisten Mühlsteingruben befinden sich auf dem Lavastrome bei Mayen, wo deren nach dem Durchschnitte der letzten zehn Jahre 113 mit 238 Leyern und 598 Steinhauern in Betrieb standen. In Niedermendig sind nach demselben Durchschnitte auf 25 Gruben 93 Leyer und 154 Steinhauer, auf dem Windfelde bei Cottenheim auf 22 Gruben 43 Leyer und 106 Steinhauer, auf 7 Gruben bei Ettringen 12 Leyer und 41 Steinhauer, endlich auf 4 Gruben bei St. Johann 6 Leyer und 14 Steinhauer beschäftigt.

Die Förderung an Mühlsteinen beträgt etwa 8 Procent des Werthes der ganzen Gewinnung, welcher sich, ebenfalls nach dem Durchschnitte der letzten zehn Jahre auf den Gruben bei Mayen auf 620000 ℳ, bei Niedermendig auf 160000 ℳ, bei Cottenheim auf 97000 ℳ, bei Ettringen auf 37000 ℳ und bei St. Johann auf 14000 ℳ, im Ganzen auf 928000 ℳ jährlich beläuft.

3. Backofensteinbrüche.

Die Gewinnung des Backofensteins, welche in früheren Zeiten auch wohl unterirdisch vor sich ging, geschieht jetzt nur noch durch Tagebau. Nachdem das Obergebirge sorgfältig abgeräumt ist, wird der Stein strossenförmig von oben nach unten in einzelnen Blöcken weggebrochen, welche theilweise an Ort und Stelle von den Steinhauern fertig behauen, theilweise in roh behauenen Quadern den entfernteren Steinhauerhütten, wie denjenigen von C. Grod in Brohl und Bachem et Cie. in Breisig und Königswinter, zugeführt werden, woselbst der kunstfertige Meissel aus ihnen die schönsten Ornamente und Bildhauerarbeiten darstellt. Ausser zu Blendsteinen, Gesimsen, Krippen, Platten, Gewölbsteinen, Kesselmänteln, Röhren, Fenstersteinen, Regensärgen u. s. w. wird das Material und zwar besonders das feinkörnige und gleichfarbige aus den Brüchen bei Weibern und Rieden zu Profilarbeiten für Kirchen und andere monumentale Bauwerke verwendet.

Schon seit Jahrhunderten ist die Benutzung dieses Steines in den Rheinlanden bekannt, und manches Kirchenportal, manche Verzierung an Thürmen und Thoren der Stadtmauern, manches Grabdenkmal ist aus ihm hergestellt worden, namentlich auch die Abtei Maria Laach am Laacher See (vollendet 1156) und die schöne romanische Kirche zu Andernach (vollendet 1206).

In der Neuzeit fand derselbe ausser an vielen Kirchen in der näheren und weiteren Umgebung, auch an der Königlichen Bergakademie zu Berlin, der Klinik zu Bonn, dem Polytechnikum zu Aachen, dem Provinzial-Ständehause und der Kunstakademie zu Düsseldorf, dem Wallraf-Richarz-Museum und dem Friedrich-Wilhelm-Gymnasium zu Köln und anderen Bauwerken Verwendung. Auch die Gewölbe im Kölner Dome sind aus ihm hergestellt.

Im Ganzen sind nach dem Durchschnitte der letzten zehn Jahre 114 Brüche in Betrieb, welche 308 Arbeiter beschäftigen, und zwar auf 33 Brüchen bei Weibern 168 Arbeiter, auf 48 Brüchen bei Bell 93 Arbeiter, auf 29 Brüchen bei Obermendig 36 Arbeiter und auf 4 Brüchen bei Ettringen 11 Arbeiter. Der Bruch bei Rieden, welcher früher schwunghaft mit durchschnittlich 30 Arbeitern bebaut wurde, war längere Jahre nicht mehr in Betrieb, ist aber gegenwärtig wieder in Angriff genommen.

4. Trassbrüche.

Auch die Trassgruben werden nur in offenem Tagebau strossenartig betrieben.

Die Gewinnung des festen Tuffsteins oder Ducksteins, welcher in gemahlenem oder gesiebtem Zustande erst den Namen Trass erhält, ist eine sehr alte. In der ersten Zeit, als man seine hydraulischen Eigenschaften noch nicht kannte, wurde er besonders zu Särgen behauen oder auch zu Bausteinen, Altären, Votivsteinen etc. verwendet. So wurden in den Brüchen im Brohlthale halbfertige Altäre mit römischen Inschriften, dem Herkules geweihte Votivtafeln, und in dem Bruche von J. Meurin bei Kretz eine vollständige römische Werkstätte zur Bereitung von Särgen gefunden. Zu jener Zeit wurde der Betrieb der Ducksteingruben, so viel sich beurtheilen lässt, im Neuwieder Becken fast nur unterirdisch geführt, und so findet sich die ganze Strecke von Kretz bis in die unmittelbare Nähe von Nickenich bis auf einzelne Pfeiler, welche gewöhnlich aus Tauch bestehen, unterirdisch ausgebeutet. Auch bei Plaidt, Kretz und Kruft findet der jetzige Betrieb nur auf den Ueberresten und auf dem tieferen Theile der Ablagerung statt, welchen die Alten unter der Wassersohle nicht abbauen konnten.

Von grossem Interesse sind die römischen unterirdischen, aber ganz nahe unter der Oberfläche gelegenen Ducksteingruben unter und neben der Eisenbahn von Andernach nach Niedermendig, welche beim Eisenbahnbau zugefüllt wurden; ebenso die römischen Ducksteingruben unter dem Dorfe Plaidt, worin man so viele und schöne römische Alterthümer gefunden hat.

Die Alten gewannen den Stein in einzelnen „Kammern", welche 4 bis

6 m im Quadrat hatten, und liessen zwischen denselben Pfeiler von ungefähr 1 m Stärke stehen. Die ausgebeuteten Räume wurden mit schlechtem Material und Abfall wieder ausgefüllt, mitunter aber auch leer gelassen, so dass dann im Laufe der Zeit meistens die Decke einstürzte.

Nachdem man die unschätzbare Eigenschaft desDucksteins zur Verwendung als hydraulischen Mörtel kennen gelernt hatte, wurde der Betrieb weit bedeutender und trat in der Neuzeit, als der Besitz der Gruben mehr in die Hände grösserer Firmen überging, in eine grossartige Entwickelung.

Der Hauptabsatz von Duckstein geht zu Hafenbauten besonders nach Holland und an die Nordsee, wo derselbe an Ort und Stelle gemahlen wird, wobei man die Sicherheit hat, dass nur gute Waare Verwendung findet. Der Trass wird ebenfalls in grossen Quantitäten in Holland, dann aber auch zu Festungs-, Brücken-, Tunnelbauten und zu wasserdichten Mauerungen in Steinkohlenbergwerken benutzt.

Leider hat der frühere grossartige Versandt in den letzten Jahren bedeutend abgenommen, und es lässt sich voraussehen, dass er noch erheblich geringer werden wird, wenn man der bedeutenden Concurrenz des künstlichen Cements nicht durch Lieferung guter und unverfälschter Waare entschieden entgegentritt. Die Gewinnung des wenig brauchbaren wilden oder Bergtrasses im Brohlthale hat sich nämlich seit einem Jahrzehnt verzehnfacht, und wesentlich der Lieferung dieses sehr geringwerthigen Materials ist es zuzuschreiben, dass die Nachfrage nach Trass immer mehr abnimmt, während der Verbrauch von künstlichem Cement fortwährend steigt. Schon Calmelet machte in der statistischen Beschreibung der mineralischen Reichthümer des Rhein- und Moseldepartements für das Jahr 1808 S. 282 auf diesen Uebelstand aufmerksam: „Die Hauptursache von dieser Stockung des Handels liegt ohne Zweifel in dem Unglücke der jetzigen Zeit; allein man könnte doch viele Hindernisse davon heben, wenn man den Holländern einen reinen, nicht verfälschten Trass liefern würde. Diese Art von Betrug, welcher ziemlich allgemein getrieben wird, bestimmte die Holländer mehr als jeder andere Grund, den ganzen vulkanischen Tuffstein dem gepulverten vorzuziehen, und wenn diese Lage der Sache fortdauert, so steht zu befürchten, dass es der Industrie der Holländer gelinge, andere Körper zu ihren hydraulischen Arbeiten statt des Trasses zu entdecken, wie z. B. gebackene und wieder gepulverte Thonerde, womit man wirklich schon Versuche gemacht hat. Auf diese Art würde durch eine falsche Berechnung (der Arbeiter) Einzelner ein bedeutender Handelszweig des Departements mit seinen mineralischen Erzeugnissen zu Grunde gehen.“

Ausser alten Verträgen, welche Lieferungen von Tuffstein betreffen, sind nur wenige Urkunden vorhanden, welche theils über die Bewilligung (Verpachtung) der Gewinnung von Trass im Brohlthale im Ländchen Breisig, welches dem Herzogthum Jülich und dem Stifte Essen gemeinschaftlich gehörte, theils über die Errichtung einer gemeinschaftlichen Duckstein- (Schrottelstein-)Handlung und Abschliessung eines Vertrages mit den Bürgern von Andernach handeln. Von diesen Urkunden, welche durch die Güte des Staatsarchivars Dr. Becker erlangt worden sind, mögen die beiden ältesten aus den Jahren 1609 und 1663, weil sie auch das Verhältniss zwischen den Landesherrn und den Betreibern der Brüche beleuchten, hier Platz finden und zwar nach ihrem Wortlaute, jedoch in der heutigen Schreibart.

Von Gottes Gnaden Wir Johann Wilhelm, Herzog zu Jülich, Cleve und und Berg, Graf zu der Mark, Ravensberg und Mörs, Herr zu Ravenstein etc. thun kund:

Als Wir sammt der würdigen wohlgeborenen unserer lieben Nichte Elisabeth, Aebtissinen zu Essen und Freckenhorst, geborenen Gräfin von dem Berg, Unserem lieben besonderen Adam von Zevell dem Jüngeren und seinen Consorten, als Adam von Zevell dem Aelteren und Gerhard Beckmann, beiden Bürgern zu Köln, Tarras oder Dauffstein[1]) und dessen Mehl in unserer Vogtei und Land Breissach[2]) auf vierzehn nächst nacheinander folgende Jahre, so den ersten August nächsthin ihren Anfang genommen, zu brechen und zu verhandeln vermöge darüber von uns habender Briefe gnädiglich verliehen und bewilligt haben, und aber gedachte Lehenträger oder Pächter die Vorsorge getragen, es möchte vielleicht anderswo in unseren Fürstenthümern Jülich und Berg sich hiernächst einige dergleichen Tarras oder Dauffstein erfinden und ihnen dadurch ihre Nahrung abgeschnitten werden, und derwegen ihnen zum Schaden auf keinen Tarras oder Dauffstein einige fernere Bewilligung oder Pachtung zu geben, uns unterthänig erbeten, auch deshalb zu mehrerer ihrer Sicherheit uns eine Erkenntniss von hundert Reichsthalern jährlich zu geben, sich in Unterthänigkeit erboten, so bekennen Wir für Uns, Unsere Erben und Nachkommen, Herzöge zu Jülich, dass Wir solchem ihrem Suchen gnädiglich stattgegeben und in obgemeldeten Unseren Fürstenthümern keinem Anderen, der sei auch, wer er wolle (es geschehe denn mit ihrem guten Belieben und Vorwissen), einige Tarras oder Dauffstein und Mehl zu suchen, zu brechen oder auszugewinnen, verstatten oder zulassen wollen. Ingestalt wir hiermit bei fürstlichen Ehren und wahren Worten gnädiglich versprechen und angeloben, dasselbe obverlautermaassen keinem zu verhengen, sondern sie bestimmte vierzehn Jahr lang solche Werke in obberührter Unserer Vogtei und Lande Breissach (es wäre denn Sache, dass wir auf andern Oertern dergleichen zu thun ihnen vermöge einer mit Uns getroffenen absonderlichen Vergleichung gnädig bewilligen würden) treiben und vollführen zu lassen. Dagegen sollen sie Uns oder Unseren Erben und Nachkommen oder Unseren zeitlichen Vögten und Rentmeistern zu Syntzig[3]) in Unserem Behuf alle und jedes Jahr, davon in diesem Jahr tausend sechshundert und neun den letzten

1) Trass- oder Tuffstein

2) Breisig

3) Sinzig

Juli der erste Termin und also verfolglich jedes Jahr auf dieselbe Zeit verfallen soll, einhundert Reichsthaler oder die rechten Werthe dafür auf ihre Kosten, Angst und Gefahr, wie gleichfalls auch Uns oder in Unserem Behuf jedes Jahr etwa fünf und zwanzig Tonnen Dauffstein oder Mehl ohne Entgeltniss bis an den Rhein liefern und wohl bezahlen und daran keinesmals einige Versäumniss einfallen lassen. Denn im Falle sie darin fahrlässig oder brüchig erfunden würden, sollen Wir Uns nicht allein an ihnen oder ihren gereidt und ungereidten Gütern[1]), wo dieselben auch gelegen seien, alles Hinterstandes und daher verursachten Schadens erholen mögen, sondern auch sie dadurch obernannter Pachtung des Tarras oder Dauffsteins und Mehls zumal verwirkt haben, und Uns für Unsere Quot Andere damit zu belehnen unbenommen sein und bleiben, ohne Gefährdung und Arglist.

Urkundlich Unseres hiervor gedruckten Secretsiegels gegeben zu Düsseldorf am sieben und zwanzigsten Tage Monats Januar Anno tausend sechshundert neun.

Auf Befehl meines gnädigen Fürsten
(L. S.) und Herrn Herzogs etc., Hochgeboren
Joh. Raitz von Frentz. C.

Nachdem mit Vorwissen und gnädigstem Belieben Ihro kurfürstl. Durchlaucht zu Trier etc. und Ihro kurfürtl. Durchlaucht zu Köln eine gemeine Schrattelsteinhandlung[2]) aufgerichtet und werkstellig gemacht worden, so sind nachfolgende Punkte mit der Stadt Andernach eingesessenen Bürgern, so jetzt oder künftig den Tuffsteinhandel führen, so lang und viel solches Ihro kurf. Durchl. zu Köln und kurf. Durchl. zu Trier gnädigst beliebet, eingerichtet und fest zu halten geschlossen worden.

Erstlich bleiben diejenigen Steinkauten, welche die Andernacher Bürger im Erzstift Trier bereits an sich erhandelt oder künftig an sich erhandeln könnten, samt allen befindlichen Steinen ihnen, Bürgern, als ihr Eigenthum frei, jedoch dass sie alle und jede Steine in dem nachgesetzten Accord an J. G. Freiherrn von Hohenfeldt und Herren Participanten und niemand anders, so lang jetziger Accord in seiner Kraft bleiben wird, nach Andernach an den Rhein liefern sollen.

Zweitens versprechen J. G. Freiherr von Hohenfeldt sammt Dero Ihren Interessenten, dass niemand als die Andernacher Bürger die Tuffsteine bei den kurtrierischen Unterthanen an sich erhandeln, ihnen auch diesfalls die geringste Eintracht nicht geschehen solle; falls sich aber dessen Jemand unterfangen und unter einigem Vorwandt oder Prätext einem Andern als zu

1) Fahrende und liegende Habe — Mobilien und Immobilien.

2) Unter Schrattel- oder Schrottelsteinen sind die gewonnenen Tuffsteinstücke zu verstehen.

Andernach eingesessenen Bürger Schrattelsteine liefern wollte, dass alsdann J. G. Freiherr von Hohenfeldt und Dero Ihre Consorten wider einen Solchen den Andernacher Bürgern ihrem besten Vermögen nach wollen helfen manneniren und handhaben.

Und weil hierdurch für's Dritte den Andernacher Bürgern die freie Kaufmannschaft mit den Erzstiftisch trierischen Unterthanen gelassen wird, und denselbigen Unterthanen von der zu Andernach eingesessenen Bürgerschaft künftig der Wagen Stein, per zwei Kisten gerechnet, per sechs Kopfstück[1]) und höher nicht bezahlt werden soll, also versprechen J. G. Freiherr von Hohenfeldt und Herren Interessirte hingegen, alle Tuffsteine, und zwar jeden Wagen zu zwei Kisten gerechnet, für und um sieben Kopfstück trierische Währung, nach Andernach an den Rhein geliefert, den Andernacher Bürgern zu bezahlen, und also mittelst dieses Kaufgeldes an jedem Wagen ein Kopfstück allzeit ganz frei zum Verdienst zu geben. Würde aber Sache, dass über kurz oder lang die Bauern mit ihren Steinen auf dem Felde einen oder mehrere Petermenger[2]) an der Kiste aufschlagen wollten, und solches von J. G. Freiherr von Hohenfeldt und Dero Herren Mitgenossen nicht könnte behindert werden, als dass hochgen. Ihro Gnaden und Dero Herren Interessirte gleichfalls all solchen Aufschlag den Andernacher Bürgern zu ersetzen und mehr denn sieben Kopfstück für den Wagen Tuffstein zu handreichen Beliebes tragen und gehalten sein wollen, maassen es dann gleichergestalt also mit dem Abschlag soll gehalten werden.

Viertens versprechen J. G. Freiher von Hohenfeldt und Dero Herren Participanten hierbei auch, dass sie die Andernacher Bürger, so in dieser Kummerschaft[3]) anjetzt begriffen oder künftig damit handeln würden, wann dieselbigen, ein Jeder nach seinem Vermögen, eine Anzahl Tuffsteine nach Andernach an den Rhein zusammengebracht hätten, mit baarer Zahlung niemals aufhalten oder Dero Steine unbezahlt liegen lassen, sondern zu jeder Zeit mit gangbarer guter Münze bezahlen und vergnügen wollen.

Schliesslich ist dieser Accord von beiden contrahirenden Parteien, so lang solches unseren vorgesetzten gnädigsten Kurfürsten und Herren zu Köln und Trier etc. gnäd. beliebet, unverbrüchlich und fest, ohne alle Arglist und Gefährde, zu halten angelobt und versprochen worden. Und zu dessen mehrerer Versicherung sind deren zwei gleichlautende Contracte aufgerichtet, einer von J. G. Freiherrn von Hohenfeldt und Dero Herren Interessirte Namens der hochlöbl. Compagnie und der andere von den Andernacher Tuffsteins-Kaufleuten unterschrieben und gesiegelt worden.

Geschehen Andernach nach der jungfräulichen Geburt unseres Erlösers

1) Ein Kopfstück betrug etwa 56 Pfennige.

2) Ein Petermännchen hatte den Werth von 5 Pfennigen.

3) Gesellschaft.

und Seligmachers Jesu Christi tausend sechshundert sechzig und drei Jahr. den achten Tag des Monats August.

Johannes Brenner. Valerius Stöss.
Dietrich von Breill. Johannes Wolff junior.
Moritz Koch. Johann Reutter.
Matheis Emmerich. Johannes Stauss.
Adolf Wirtges.

Da in den Urkunden aus dieser Zeit niemals von einer Tuffsteingewinnung bei Plaidt die Rede ist, so scheint in dem vorstehenden Vertrage nur die Tuffsteingewinnung bei Kruft gemeint zu sein. Kruft gehörte nach Trier und Andernach nach Köln. Später machte aber das Kloster Laach, namentlich der Probst Ecker zu Kruft, Anspruch auf diese Gewinnungen, und es begann im Jahre 1726 ein Process zwischen der Abtei unter dem Abte Clemens und der kurfürstlichen Hofkammer zu Ehrenbreitstein wegen der Krufter Tuffsteingruben. Die Akten reichen indess nur bis zum 30. Juni 1736, zu welcher Zeit der Process noch nicht beendigt war, so dass über den Ausgang desselben nichts bekannt ist. Inzwischen richteten aber die von Laach häufiger Bittschriften an den Kurfürsten von Trier, um für das „Gotteshauss Laach" Tuffsteine in Kruft „holen" zu dürfen.

Nach dem Durchschnitte der letzten zehn Jahre sind im Brohl-, Tönnissteiner und Gleeser Thale auf 27 Brüchen 102 Arbeiter beschäftigt. Zum Zerkleinern der Tuffsteinstücke sind 14 Mühlen, darunter 4 Dampfmühlen, eingerichtet, welche 9 Kollergänge, 5 Roll- oder Mahlgänge, 4 Steinbrecher und 10 Stampf- oder Pochwerke mit im Ganzen 86 Stempeln betreiben, wobei etwa 90 Arbeiter thätig sind.

Im Nettethale sind nach demselben Durchschnitte 18 Brüche mit einer Belegschaft von 108 Arbeitern in Betrieb, und es sind 8 Mühlen, darunter 5 Dampfmühlen, zum Trassmahlen vorhanden, welche 7 Kollergänge, 7 Rollgänge und 6 Steinbrecher in Bewegung setzen und 31 Arbeiter beschäftigen.

B. Unter der Aufsicht der Regierung stehende Werke.

Der Betrieb der nicht zum Ressort der Bergbehörden gehörenden Werke ist, abgesehen von den gewöhnlichen Mauersteinbrüchen in der Grauwacke, im Verhältnisse zu denjenigen der anderen Steinbrüche ein noch sehr junger und ausser dem Betriebe der Thongruben nicht bedeutend.

1. Thongruben.

Der Betrieb der Thongruben begann zuerst auf dem Vorkommen bei Kruft im Jahre 1827. Ihm folgte der bei Dreckenach im Jahre 1839. Durch die Arbeiten in dem Braunkohlenfelde Oeynhausenzeche auf das Thonvorkommen aufmerksam geworden, nahm man im Jahre 1844 Versuchsarbeiten bei

Kettig in Angriff, welche im Jahre 1851 auf die in der Fortsetzung des Lagers unternommenen Gewinnungen bei Mülheim und Kaerlich führten.

Der Grubenbetrieb findet bei Kruft, Dreckenach, Kaerlich und Mülheim und zwar seit den ersten Zeiten nur durch Glockenbau statt. Man bringt Reifenschächte durch das Obergebirge 9 bis 18 m tief bis in das Thonlager nieder und nimmt dann, ähnlich dem Tummelbau auf den Braunkohlengruben bei Brühl, den Abbau in Form eines umgekehrten Trichters vor, indem man den Thon mit einer etwa 10 cm breiten Hacke ringförmig herausschlägt und in einzelnen Schollen, welche gewöhnlich 5 kg wiegen, gewinnt. Nach der Tiefe zu nimmt die Anzahl der Ringe bei dem grösser werdenden Durchmesser immer mehr zu, und es entsteht dadurch allmählich ein glockenförmig ausgebauter Raum, welcher, wenn das Eindringen von Wasser oder sonstige Verhältnisse ein weiteres Abteufen nicht mehr gestatten, wieder mit loser Erde von oben ausgefüllt wird.

Bei Kettig hatte man in der neueren Zeit eine Stollenanlage begonnen und Pfeilerabbau eingerichtet. Da der Stollen jedoch das Thonlager zu sehr abtrocknete, wodurch die Gewinnung erschwert wurde, so warf man denselben wieder ab und führte auch hier Schachtbetrieb ein, von welchem aus dann Pfeilerabbau geführt wird.

Nach dem Durchschnitte der letzten zehn Jahre werden jährlich von einer Belegschaft von 44 Arbeitern 132 Schächte abgeteuft, wodurch eine Produktion im Werthe von 180000 ℳ erzielt wird.

Das Absatzgebiet für diesen feuerfesten Thon, welches sich früher beinahe nur auf die niederrheinischen und westfälischen Eisenwerke und Glashütten erstreckte, hat sich nach der Ostsee und Russland, sowie nach Belgien und Frankreich ausgedehnt.

Die im Laboratorium der Krupp'schen Gussstahlfabrik zu Essen vorgenommenen und durch J. Breidbach mitgetheilten Analysen des Thones von Rübenach und Kettig haben folgendes Resultat ergeben:

	Thonsorten von Rübenach.		Thon von Kettig.
Kieselsäure	47,8	51,1	46,9
Thonerde	36,2	32,5	33,9
Eisenoxydul	1,6	1,3	3,5
Kalk	0,8	0,4	0,8
Magnesia	0,2	0,1	0,7
Alkalien	1,3	1,1	2,5
Glühverlust	12,5	12,5	11,52
	100,4	99,0	99,82.

2. Lavabrüche.

Ausser den vielen kleineren Brüchen, in welchen nur Kleinschlag zu Strassenmaterial oder Pflastersteine gewonnen werden, sind besonders die

Brüche bei Eich, Hannebach und am Perlenkopf, erwähnenswerth. Sie werden durch Tagebau betrieben und produciren ähnliche Werksteine, wie solche auf den Mühlsteingruben dargestellt werden. Nach dem Durchschnitte der letzten zehn Jahre sind auf diesen Brüchen 40 Arbeiter beschäftigt, welche eine jährliche Produktion im Werthe von 20000 *M.* liefern.

Auf den Schlackenlavabrüchen bei Ochtendung, Saffig, Kruft, Nickenich, Eich, Wassenach, Burgbrohl und vielen anderen Orten werden Krotzensteine gebrochen, von welchen eine Schachtruthe (4,5 cbm), bis zum Rhein oder zur Eisenbahn geliefert, 24 bis 30 *M.* kostet.

Diese Brüche werden so unregelmässig betrieben, dass sich die Anzahl der beschäftigten Arbeiter und der Werth der jährlichen Produktion auch nicht annähernd angeben lässt.

3. Basaltbrüche.

Alle Basaltbrüche im Reviere, mit Ausnahme des Bruches am Steinbergskopfe bei Niederlützingen, liefern nur Pflastersteine und Chausseematerial.

Der Betrieb am Steinbergskopfe, welcher schon vor Jahrzehnten begonnen, aber zum Erliegen gekommen war, ist erst im Juli 1881 wieder aufgenommen worden. Im Laufe des ersten Jahres waren im Durchschnitte 55 Arbeiter beschäftigt; die Produktion bestand aus 828 Tonnen Säulen über 40 cm lang, 10460 Tonnen Kopfsäulen von 20 bis 32 cm Länge, 2274 Tonnen Satzsteinen von 10 bis 20 cm Länge, 5378 Tonnen Senksteinen, 10 bis 200 kg schwer, 2200 cbm Schrott und 48000 Stück Pflastersteinen im Gesammtwerthe von 51800 *M.*

4. Schwemmstein-Fabrikation.

Obwohl die Fabrikation von Schwemmsteinen nicht zum Steinbruchsbetrieb gehört, so dürfte sie doch, da man bei derselben als wichtigstes Material ein vulkanisches Produkt, den Bimssteinsand, verwendet, welcher in weiten offenen Gruben gewonnen wird, hier Erwähnung finden.

Die Anfertigung von Schwemmsteinen hat in den letzten Jahren einen solchen Aufschwung genommen, und das Material hat sich nicht allein zum Bau von Zwischenwänden, bei welchem es kaum durch ein anderes zu ersetzen sein dürfte, sondern auch zur Aufführung von äusseren Umfassungsmauern so bewährt, dass beinahe überall, wo der Bimssteinsand zu finden ist, auch solche Fabrikanlagen entstanden sind. Die bedeutendsten befinden sich in der Umgebung von Weissenthurm und Urmitz, wo man deren etwa 50 zählt.

Der Erfinder dieses neuen Handelsartikels war, soviel sich hat ermitteln lassen, der Bauinspektor Nebel zu Coblenz, welcher im Jahre 1845 die ersten künstlichen Schwemmsteine darstellte, auch ein Patent auf deren Anfertigung nachgesucht, aber nicht erhalten haben soll.

Die Manipulation ist eine sehr einfache. Der ziemlich gleichkörnige Bimssteinsand wird in einem Verhältnisse von etwa 6 : 1 mit gelöschtem Kalke gemengt, dieser Teig in Formen, welche auf einem Tische liegen, geschöpft und fest eingeschlagen. Dann wird die Form mit der Masse auf ein ungefähr gleich grosses Brett gebracht und abgehoben. Der geformte Stein mit dem darunter befindlichen Brettchen wird hierauf auf einem Lattengerüste zum Trocknen hingesetzt. Der Stein wird um so besser, je länger er Zeit hat, Kohlensäure aus der atmosphärischen Luft aufzusaugen und zu erhärten. Die ältesten Steine sind daher die besten, da auch allmählich die aufgeschlossene Kieselsäure mit dem Aetzkalke eine chemische Verbindung eingeht.

Die Bimssteinlager, welche direkt unter der Dammerde vorkommen, sind 1 bis 4 m mächtig und durch einzelne Britzstreifen in verschiedene Bänke getheilt.

Der zu verbrauchende Kalk — Trierischer und Lahnkalk — wird meist schon gebrannt bezogen, doch hat man auch in der letzteren Zeit bei den Schwemmsteinfabriken selbst Kalköfen erbaut.

Die Zahl aller Arbeiter kann auf etwa 1200 angenommen werden.

Die angefertigten Steine sind Schwemmsteine in der Form von Ziegelsteinen und Kaminröhren.

Erstere werden gewöhnlich in den Dimensionen von 25 à 12 à 7,5, 25 à 12 à 10 und 23,5 à 13 à 10,5 cm angefertigt. Letztere haben ganz verschiedene Dimensionen; die gebräuchlichsten sind bei einer gleichmässigen Höhe von 31 cm folgende:

29 à 29 cm mit 16 cm lichter Weite der Oeffnung,
35 „ 35 „ „ 18,5 „ „ „ „ „
37 „ 37 „ „ 21 „ „ „ „ „
42 „ 42 „ „ 23,5 „ „ „ „ „
44,5 „ 44,5 „ „ 26 „ „ „ „ „
50 „ 50 „ „ 31 „ „ „ „ „
34 „ 61 cm mit 2 Oeffnungen in lichter Weite von 18,5 cm und
37 „ 65 cm „ 2 „ „ „ „ „ 21 cm.

Ausserdem werden Kamindeckel, Ofenröhrensteine etc. nach besonderer Bestellung angefertigt, hin und wieder hält man solche auch vorräthig. Auf dem von Oppenheim'schen Schlosse zu Bassenheim sind die Umfassungsmauern der Parkanlagen und Wirthschaftsgebäude zwischen Ziegelsteinpfeiler auf etwa 5 m Entfernung mit dieser Mischung gegossen.

Der Preis der Steine richtet sich nach der Conjunktur; gegenwärtig kosten 1000 Stück loco Waggon 16 bis 17 ℳ. Die Kaminröhren kosten das Stück 24 bis 60 ₰, Ofenröhrensteine 18 ₰ und Kamindeckel 50 ₰. Der

Preis der Schwemmsteine hat aber in günstigeren Jahren weit höher, in den Jahren 1870 und 1871 sogar für 1000 Stück auf 42 *M.* gestanden.

Der Absatz, welcher sich zunächst über ganz Rheinland, Hessen und Nassau erstreckt, dann aber auch auf Holland und Süddeutschland ausgedehnt hat, beträgt jährlich etwa 40 bis 50 Millionen Steine im Werthe von etwa 800 000 *M.*

VI. Produktion und Geldwerth derselben. Zahl der Werke und Arbeiter.

Vor dem Jahre 1861 umfasste das Revier noch denjenigen Theil des jetzigen Reviers Trier, welcher auf der linken Moselseite liegt. Da aber mit dem ersten Oktober jenes Jahres das Revier Trier neu gebildet wurde und hiermit die bezüglichen Werke aus dem Reviere Coblenz I ausschieden, so greift die nachfolgende Uebersicht nur bis zum Jahre 1862 zurück und umfasst also nur 21 Jahre.

(Siehe die tabellarische Uebersicht umstehend.)

VII. Hüttenbetrieb.

Ausser den in grauer Vorzeit betriebenen Windöfen auf die an dem linken Moselgehänge gegenüber Fankel aufsetzenden Kupfererzvorkommen, derer schon im geognostischen Theile Erwähnung geschehen, scheint vielleicht in derselben Zeit eine Kupferschmelze bei Brohl am Rhein bestanden zu haben; wenigstens beschwerte sich die Aebtissin Elisabeth von Essen in einem (nicht mehr vollständig vorhandenen) Schreiben vom 17. Mai 1611 an Degenhard von Metternich zu Schweppenburg im Brohlthale bitter über den durch den Betrieb einer Schmelzhütte zu Brohl und einer Mühle — wahrscheinlich einer Trassmühle — verursachten Schaden. Von den heutigen Bewohnern der Gegend weiss sich Niemand mehr einer solchen Schmelze zu erinnern, geschweige denn die Stelle zu bezeichnen, wo dieselbe gestanden haben könnte.

Dann steht fest, dass in der Nähe von Wehr, in einem Thälchen zwischen diesem Orte und Glees, am sogen. Hütteberg eine Eisenhütte existirte;

Jahr.	Eisenerze.				Zinkerze.				Bleierze.				Kupfererze.			
	Betrieb. Werke.	Zahl der Arbeiter.	Geldwerth d. Förderung. M.	Nichtbetrieb. Werke.	Betrieb. Werke.	Zahl der Arbeiter.	Geldwerth d. Förderung. M.	Nichtbetrieb. Werke.	Betrieb. Werke.	Zahl der Arbeiter.	Geldwerth d. Förderung. M.	Nichtbetrieb. Werke.	Betrieb. Werke.	Zahl der Arbeiter.	Geldwerth d. Förderung. M.	Nichtbetrieb. Werke.
1862	2	31	15 513	22	1	131	43 134	—	—	—	—	4	2	53	906	3
1863	3	56	18 318	19	1	120	37 083	—	—	—	—	4	1	46	1 500	4
1864	2	40	22 314	19	1	114	36 795	—	—	—	—	4	2	6	—	3
1865	2	73	31 464	21	1	116	29 436	—	—	—	—	4	3	6	—	4
1866	2	58	19 290	21	1	111	63 192	—	—	—	—	6	2	6	—	4
1867	3	76	17 733	33	1	137	76 518	—	2	6	—	6	2	4	—	4
1868	3	93	17 751	34	1	127	78 372	—	4	13	—	4	1	3	—	5
1869	3	68	15 021	35	1	105	39 345	—	4	15	—	6	1	3	—	6
1870	3	58	8 781	35	1	77	17 796	—	5	15	540	5	2	5	—	10
1871	2	45	9 924	36	1	60	30 147	—	3	8	876	9	—	—	—	13
1872	4	39	10 101	44	1	79	93 078	—	2	6	—	11	—	—	—	13
1873	5	42	10 842	161	1	116	96 300	—	3	18	—	13	—	—	—	14
1874	1	15	1 200	245	1	126	101 732	—	3	21	—	15	—	—	—	14
1875	1	11	—	249	1	103	92 862	—	1	17	—	19	—	—	—	14
1876	2	20	1 172	248	1	94	50 061	—	1	23	—	19	—	—	—	14
1877	3	21	5 437	247	1	81	86 694	—	3	21	—	17	—	—	—	14
1878	2	20	12 905	248	1	77	76 615	—	1	20	—	19	—	—	—	14
1879	1	18	5 490	249	1	64	51 516	—	1	26	—	19	—	—	—	14
1880	—	—	—	250	1	58	36 041	—	1	24	—	19	—	—	—	14
1881	—	—	—	250	1	36	6 673	—	2	29	—	18	—	—	—	14
1882	—	—	—	250	1	31	—	—	1	4	500	19	—	—	—	14

es ist aber nicht bekannt, zu welcher Zeit dieselbe im Betrieb war, noch auch weiss man den Grund anzugeben, weshalb dieselbe zum Erliegen kam. Nur der einzige Umstand, dass in den Kirchenbüchern zu Wehr zu Ende des 16. und Anfang des 17. Jahrhunderts sich bei einigen Namen die Bezeichnung „Hüttenmeister“ vorfindet, lässt darauf schliessen, dass die Eisenschmelze zu jener Zeit, also vor etwa 300 Jahren, noch bestanden haben mag.

Von grösserer Bedeutung als diese Hütten war jedenfalls das Eisenhüttenwerk „Netterhammer“ zwischen Andernach und Miesenheim an dem rechten Ufer der Nette, obwohl auch über dessen erste Anlage keine authentische Nachrichten vorhanden sind. Dieses Hammerwerk söll seit undenklichen Zeiten ein Frischfeuer besessen und der Abtei Himmerod in der Eifel gehört haben. Später kam es in den Besitz des adligen Frauenklosters St. Thomas bei Andernach, von welchem es durch Kaufvertrag vom 16. November 1797 an den Hofkammerrath Remy zu Neuwied überging. Derselbe brachte das Werk sehr in Aufnahme, denn im Jahre 1808 standen 4 Frischfeuer nnd 2 Schwanzhämmer in Betrieb, und man beschäftigte 28 Arbeiter. Der erwähnte Kaufvertrag wurde jedoch durch kaiserliches Dekret vom 15. September 1810 aufgehoben, und nun scheint das Werk für Rechnung des Staates öffentlich ausge-

Dachschiefer.				Mühlsteinlava.				Backofenstein.				Duckstein.				Summe.			
Betrieb. Werke.	Zahl d. Arbeiter.	Geldwerth d. Förderung. M.	Nichtbetr. Werke.	Betrieb. Werke.	Zahl der Arbeiter.	Geldwerth d. Förderung. M.	Nichtbetr. Werke.	Betrieb. Werke.	Zahl d. Arbeiter.	Geldwerth d. Förderung. M.	Nichtbetr. Werke.	Betrieb. Werke.	Zahl d. Arbeiter.	Geldwerth d. Förderung. M.	Nichtbetr. Werke.	Betrieb. Werke.	Zahl der Arbeiter.	Geldwerth d. Förderung. M.	Nichtbetr. Werke[1].
63	492	208 560	22	130	1033	254 205	25	103	266	31 197	1	63	265	377 511	51	364	2271	931 026	132
77	551	259 746	31	162	1015	287 691	27	110	244	40 167	—	50	225	291 012	66	404	2257	935 517	155
57	484	237 063	53	141	1010	240 596	54	111	240	29 724	—	55	215	291 012	67	370	2110	857 519	203
54	471	227 199	62	158	1196	236 922	76	108	245	24 741	4	56	203	130 680	68	382	2310	680 442	243
54	409	155 421	71	149	1018	226 767	88	107	248	26 514	6	60	244	147 297	66	375	2094	638 481	266
50	470	225 336	82	151	1085	241 050	101	106	244	33 801	7	54	212	184 221	73	369	2234	778 659	310
65	585	296 170	71	148	957	333 804	114	107	250	35 772	7	53	226	157 863	76	382	2254	919 732	316
63	599	310 605	72	145	1078	453 054	145	114	278	46 398	7	49	224	208 305	82	380	2370	1072 728	359
65	546	282 108	78	143	1062	477 645	161	130	289	42 216	7	42	185	178 467	91	391	2237	1007 553	394
72	561	247 311	75	154	1217	532 116	160	122	278	51 660	15	36	232	370 674	99	390	2401	1242 708	414
67	547	306 813	79	157	1114	765 228	173	119	281	71 709	18	42	265	330 093	94	392	2331	1577 022	439
61	481	306 330	89	167	1380	987 006	182	122	312	186 030	15	54	293	357 615	82	413	2642	1944 123	563
65	585	367 974	85	171	1273	907 455	192	118	308	126 792	19	51	281	618 330	85	410	2609	2123 483	662
60	573	362 636	96	178	1324	776 993	207	120	313	135 454	17	43	279	551 422	95	404	2620	1919 367	704
65	578	322 303	96	178	1403	895 083	221	109	318	152 236	28	46	273	571 944	95	402	2709	1992 799	728
81	649	332 446	101	165	1316	1019 335	238	117	372	172 836	22	47	276	619 517	95	417	2736	2236 265	741
71	600	283 447	111	179	1370	1002 880	236	111	300	118 569	28	43	420	782 839	99	408	2807	2277 255	762
53	470	220 719	131	175	1310	969 669	242	112	302	167 047	27	40	295	613 659	103	383	2485	2028 100	792
57	540	225 030	127	172	1307	882 095	253	105	292	132 315	35	45	344	662 164	97	381	2565	1937 645	802
54	572	224 223	136	169	1300	880 676	267	112	328	133 921	31	42	342	655 216	101	380	2607	1900 709	824
52	541	251 487	138	180	1310	1007 894	267	106	273	128 963	39	44	322	562 470	104	384	2481	1951 314	838

boten worden zu sein, wobei es der frühere Besitzer wieder erwarb. Am 29. Mai 1841 verkaufte Chr. Remy zu Rasselstein bei Neuwied das Netterhammerwerk an Jac. Jos. Haan zu Köln unter der ausdrücklichen charakteristischen Bedingung, dass vom 18. Juni 1841 ab „der Käufer nicht berechtigt sei, ein Eisenwerk oder sonstiges Geschäft, welches Holzkohlen zum Betreiben bedürfe, anzulegen resp. fortzuführen." Nachdem der Besitzer im Jahre 1843 noch einmal gewechselt hatte, ging das Werk am 15. November 1846 an Dr. P. Backhaus zu Bonn über, welcher im Jahre 1849 die in dem nahe gelegenen Miesenheim unter der Firma Quirin und Dreher betriebene Drahtstiftenfabrik übernahm und nach dem Netterhammer verlegte. Das Werk, welches jetzt hauptsächlich Schuhnägel, Tapezierer- und sonstige kleine Drahtstifte fabricirt und davon monatlich 500 bis 600 Ctr. liefert, wurde im Laufe der Zeit erheblich vergrössert, hat jetzt 61 Maschinen im Betriebe und beschäftigt durchschnittlich 50 Arbeiter.

---

1) Unter den nicht betriebenen Werken befinden sich auch 4 Braunkohlengruben, von denen nur eine im Jahre 1864 kurze Zeit im Betrieb stand; ausserdem 2 Manganerzgruben und 1 Schwefelkiesgrube.

Das einzige, im Reviere noch bestehende, augenblicklich aber auch nur schwach betriebene Eisenhüttenwerk ist das Eisenwerk bei Alf an der Mosel, über dessen Entstehung und weitere Ausdehnung von den Besitzern folgende, ein allgemeineres Interesse erregende Mittheilungen gemacht worden sind.

Das Hauptmotiv zur Anlegung des Alfer Eisenwerkes, welche im Jahre 1826 grösstentheils zur Ausführung gelangte, lag in der damals bestehenden Schwierigkeit, für das von den inländischen Hochöfen producirte Roheisen, dessen Preis äusserst gedrückt und wenig gewinnbringend war, hinreichenden Absatz zu erlangen. Diese widrigen Geschäftsverhältnisse konnten gebessert werden, wenn das Roheisen in genügender Menge im Inlande weiter verarbeitet wurde, wozu die Einführung des in England seit Anfang dieses Jahrhunderts gebräuchlichen Puddel- und Walzverfahrens das geeignete Mittel war. Diese Ueberzeugung befestigte sich bei verschiedenen intelligenten, in der inländischen Eisenproduktion thätigen Männern und veranlasste mehrere derselben, worunter besonders Ferdinand Remy (geboren zu Bendorf 1788), Eberhard Hösch zu Düren und Friedrich Harkort zu Wetter a. d. Ruhr zu nennen sind, die Ausführung in die Hand zu nehmen. Zu diesem Zwecke galt es vor Allem, die englischen Einrichtungen und das Verfahren, welches in den ersten Jahren streng geheim gehalten wurde, kennen zu lernen, womit jeder der drei genannten Männer auf eigene Hand vorging. Dies war mit grossen Schwierigkeiten und theilweise sogar mit Lebensgefahr verbunden, da das Geheimniss, besonders Ausländern gegenüber, zu jener Zeit noch eifersüchtig gehütet wurde und Mittheilungen über das Verfahren auf das Schärfste verboten waren. Ferd. Remy, schon seit zehn Jahren in London ansässig und der englischen Sprache vollkommen mächtig, verschaffte sich durch seine Geschäftsverbindungen gute Empfehlungen, mit deren Hülfe es ihm gelang, auf einer Reise durch Staffordshire und Wales im Jahre 1823 in mehreren grossen Puddelwerken Einlass zu erlangen und deren Einrichtungen kennen zu lernen oder doch wenigstens zu sehen. Er wurde auf dieser Reise von seinem Bruder Louis Remy von der Wendener Hütte bei Olpe begleitet; beide gewannen die feste Ueberzeugung, dass der Einführung der englischen Frischmethode in Puddelöfen und der Weiterverarbeitung des Produktes in Walzwerken kein wesentliches Hinderniss entgegenstehen würde, wenn nur erst die nöthigen Einrichtungen getroffen wären. Ferd. Remy, dem hiernach die Anerkennung gebührt, dass er nicht nur die widrigen Verhältnisse, unter denen die einheimische Eisenproduktion damals litt, richtig erkannt hatte, sondern auch thatkräftig das zur Abhülfe geeignete Mittel durch Einführung des englischen Puddel- und Walzverfahrens in Anwendung brachte, kehrte im Jahre 1823 nach Deutschland mit dem Vorhaben zurück, im preussischen Heimathlande ein Eisenwerk mit Anwendung des englischen Puddelverfahrens anzulegen. Um praktische Erfahrungen zu sammeln, verständigte er sich mit der verwandten Gewerkschaft zu Rasselstein bei Neuwied und erbaute daselbst im Jahre 1824 den ersten Puddelofen, wahrscheinlich den ersten in Deutschland, der versuchsweise mit einigen englischen Arbeitern betrieben wurde; diese waren gegen hohe Löhne herangezogen, um inländische Arbeiter zur Puddelarbeit anzulernen. Da noch kein Walzwerk vorhanden war, so wurden die dargestellten Luppen vorläufig nur ausgehämmert, um dann auf einem Hammerwerke weiter verarbeitet zu werden, wobei sich z. B. für Radreifen etc. eine sehr befriedigende Qualität ergab. Erst in den darauf folgenden Jahren wurden auf dem Rasselstein nach und nach weitere Puddelöfen angelegt und sodann auch Schweissöfen und ein Stabeisenwalzwerk neben dem bereits bestehenden Blechwalzwerke eingerichtet.

Zu jener Zeit (1824) bestand auf dem Continent nur das von Engländern, den Gebrüdern Cockerill, in Seraing bei Lüttich erbaute Puddel- und Walzwerk, welches seit Anfang der 20er Jahre in Betrieb war.

Im Jahre 1825 und in den folgenden Jahren erbaute Eberhard Hösch in Düren, der sich die nöthige Kenntniss des englischen Frischverfahrens auf englischen Werken persönlich verschafft hatte, unter Mitwirkung des englischen Walzwerks-Ingenieurs Dobbs sein Puddel- und Walzwerk in Lendersdorf bei Düren, welches er nach und nach vergrösserte.

Das erste Puddel- und Walzwerk in Westfalen erbaute Friedrich Harkort im Jahre 1827 in Wetter a. d. Ruhr und kam damit im folgenden Jahre in Betrieb.

Nachdem Ferd. Remy im Jahre 1824 und im Frühjahre 1825 die richtige Stelle mit der erforderlichen Wasserkraft von wenigstens 120 Pferdekräften für die Anlage eines grösseren Walzwerkes aufgesucht und am Alfbache, $^1/_4$ Meile von dessen Mündung in die Mosel und unmittelbar oberhalb der Vereinigung mit dem Uessbache, gefunden und die nothwendigen, zum Theil sehr umständlichen Grunderwerbungen durchgeführt hatte, ging es an Feststellung der Baupläne, wobei ihm der damalige Oberbauinspektor, nachmalige K. Obergrath Althans zu Saynerhütte, jener ingeniöse und kenntnissreiche Baumeister und Maschinenconstrukteur, mit seinem Rathe hülfreich zur Seite stand. Im Sommer und Herbst 1825 wurde mit den Erd-, Feld- und Mauerarbeiten am Werksgebäude und der 1900 m langen Wassergrabenführung begonnen, das ganze Jahr 1826 hindurch wurde gebaut und eingerichtet, bis Ende Mai 1827 Alles zum Betriebe fertig gestellt war. Derselbe wurde am 5. Juni 1827 mit 3 Puddelöfen, deren Betrieb 3 englische Puddelmeister leiteten, einem Luppenstirnhammer und der Luppenwalzenstrasse, betrieben durch ein oberschlächtiges Wasserrad von 50 Pferdekraft, eröffnet. Zwei Wochen später wurde auch die Fabrikation von Stabeisen mit einem Schweissofen und den beiden Stabeisen-Walzenstrassen, betrieben durch ein 36 Fuss hohes Wasserrad von 60 Pferdekraft, begonnen. Der vierte Puddelofen kam bald hernach in Gang, und im folgenden Jahre, als der Eisenabsatz sich allmählich vergrösserte und vermehrte und die Arbeiter die Puddelarbeit nach und nach erlernt hatten, auch der fünfte, sowie zu Ende der 30er Jahre der sechste Puddelofen, so dass in dieser Zeit jährlich 6 bis 6½ Millionen Pfund Roheisen verarbeitet werden konnten, deren Produkt meistens durch 2 Schweissöfen weiter zu Stab-, Band- und Schneideisen verwalzt wurde.

Eine erhebliche Verstärkung des Betriebes erfolgte durch die Anlage des Kleineisenwalzwerkes, welches im Sommer 1836 in Gang kam und mit einem Schweissofen, einer Mittel- und einer Feineisen-Walzenstrasse durch ein 40 Pferdekraft starkes, oberschlächtiges Wasserrad vom Uessbache betrieben wurde. In späterer Zeit wurde in dem älteren grossen Hüttengebäude eine Hochdruck-Dampfmaschine von 50 Pferdekraft zur Aushülfe bei kleinem Betriebswasser aufgestellt, später aber wieder bei dem geringeren Betriebe beseitigt.

Noch ist zu erwähnen, dass das Alfer Eisenwerk eines der ersten inländischen Werke war, welches Eisenbahnschienen zu einer Bahn für Lokomotivbetrieb darstellte, indem im Frühjahre 1838 mit dem Walzen der Schienen für die Düsseldorf-Elberfelder Eisenbahn der Anfang gemacht wurde. Bis zum Oktober waren 2 Millionen Pfund fertig gestellt, und im folgenden Jahre wurde die Lieferung fortgesetzt. Die Schienen wogen per laufenden Fuss 15 Pfund und wurden in 15 Fuss Länge geliefert. Später, als für alle Eisenbahnen schwerere und längere Schienen verlangt wurden, wofür die Betriebseinrichtungen des Werkes nicht hinreichten, wurden keine solche Lieferungen mehr übernommen.

Seit den 1850er Jahren, in welcher Zeit der Absatz der Fabrikate durch die Ueberproduktion der massenweise entstandenen Werke sehr nachzulassen begann, wurde der Betrieb des Werkes immer mehr eingeschränkt und findet seit den letzten Jahren wegen der stets ungünstiger gewordenen Geschäftsverhältnisse nur noch in einzelnen Wochen mit einem Schweissofen statt, um ausgegangene Eisensorten im Magazin zu ersetzen; der regelmässige Werksbetrieb hat gänzlich aufgehört. Zu bedauern würde es sein, wenn dieses durch die ausgezeichnete Qualität seines Fabrikates so beliebte und weit und breit bekannte Werk, dessen örtliche Lage allerdings den heutigen Verhältnissen nicht mehr ganz entspricht, durch die Ungunst der Conjunktur gänzlich zum Erliegen gebracht würde.

VIII. Unglücksfälle.

Bei dem nur unbedeutenden Erzbergbau des Reviers ereignen sich verhältnissmässig wenige Unglücksfälle, welche einen tödtlichen Ausgang nehmen; bei dem Steinbruchsbetriebe dagegen, welcher bei den hohen und weiten Gewinnungsräumen auf den Mühlsteingruben wie auf den Dachschiefergruben ein ungleich gefährlicherer ist, kommen leider mehr tödtliche Verunglückungen vor, jedoch nicht in dem Maasse, dass das Verhältniss der Verunglückungen zu den beschäftigten Arbeitern, welches nach dem Jahresdurchschnitte von 1861 bis 1879 im preussischen Staate auf 1000 Arbeiter 1,31 beträgt, erheblich überschritten würde.

In nachstehender Aufstellung sind die Verunglückungen mit tödtlichem Ausgange während der letzten 30 Jahre angegeben, wobei in den Jahren 1852 bis einschl. 1860 die Zahlen auf die jetzigen Reviergrenzen reducirt sind.

Jahr.	Belegschaft			Unglücksfälle				Auf 1000 Arbeiter		
	beim Erzbergbau.	beim Steinbruchsbetrieb.	im Ganzen.	beim Erzbergbau.	beim Steinbruchsbetrieb durch Steinfall.	beim Steinbruchsbetrieb auf andere Art.	im Ganzen.	beim Erzbergbau.	beim Steinbruchsbetrieb.	im Ganzen.
1852	205	1080	1285	—	4	1	5	—	4,63	3,89
1853	373	980	1353	—	2	—	2	—	2,04	1,47
1854	572	1054	1626	—	2	—	2	—	1,89	1,23
1855	374	1437	1811	1	2	1	4	2,67	2,08	2,21
1856	327	1400	1727	1	1	—	2	3,06	0,71	1,10
1857	320	1368	1688	—	4	1	5	—	3,65	2,96
1858	319	1368	1687	—	4	2	6	—	4,38	3,56
1859	188	2027	2215	—	1	1	2	—	0,99	0,90
1860	144	1944	2088	—	4	3	7	—	3,60	3,35
1861	158	2017	2175	—	1	1	2	—	0,99	0,91
1862	218	2108	2326	—	—	—	—	—	—	—
1863	228	2079	2307	—	2	2	4	—	1,92	1,73
1864	163	2010	2173	—	—	3	3	—	1,49	1,38
1865	195	2177	2372	—	2	1	3	—	1,42	1,26
1866	175	1919	2094	—	2	2	4	—	2,08	1,91
1867	223	2011	2234	—	1	2	3	—	1,49	1,34
1868	235	2018	2253	—	3	—	3	—	1,49	1,33
1869	191	2179	2370	—	1	3	4	—	1,84	1,69
1870	155	2082	2237	—	3	1	4	—	1,92	1,79
1871	113	2288	2401	—	3	1	4	—	1,75	1,67
1872	124	2207	2331	—	5	2	7	—	3,17	3,00
1873	176	2672	2848	—	6	5	11	—	4,12	3,86
1874	162	2705	2867	—	2	2	4	—	1,48	1,39
1875	131	2560	2691	—	4	—	4	—	1,56	1,49
1876	137	2705	2842	—	2	2	4	—	1,48	1,41
1877	123	2738	2861	—	3	1	4	—	1,46	1,40
1878	117	2690	2807	—	—	—	—	—	—	—

Jahr.	Belegschaft			Unglücksfälle				Auf 1000 Arbeiter		
	beim Erz-bergbau.	beim Stein-bruchs-betrieb.	im Ganzen.	beim Erz-bergbau.	beim Steinbruchsbetrieb durch Stein-fall.	beim Steinbruchsbetrieb auf andere Art.	im Ganzen.	beim Erz-bergbau.	beim Stein-bruchs-betrieb.	im Ganzen.
1879	108	2377	2485	1	2	1	4	9,26	1,26	1,61
1880	82	2483	2565	1	1	1	3	12,20	0,81	1,17
1881	65	2542	2607	—	5	2	7	—	2,75	2,68
1882	35	2446	2481	—	7	2	9	—	3,68	3,63
Jahresdurchschnitt von										
1852—1860	314	1406	1720	0,22	2,67	1,00	3,89	0,70	2,61	2,26
1861—1882	156	2313	2469	0,10	2,29	1,52	3,90	0,60	1,74	1,68
1852—1882	203	2041	2244	0,13	2,40	1,37	3,90	0,65	1,92	1,80

Im Durchschnitt ereignen sich hiernach im Reviere jährlich 4 Unglücksfälle, welche den Tod der Verletzten zur Folge haben, und von allen Todesfällen werden 61,54% durch Steinfall verursacht. Die übrigen Unglücksfälle sind fast nur durch Sturz in die Schächte der Mühlsteingruben oder durch Verletzungen am Göpelwerke derselben hervorgerufen worden. Ein nicht unbedeutender Procentsatz der Unglücksfälle ist unstreitig der Ungewandtheit solcher Arbeiter zuzuschreiben, welche als augenblicklich unbeschäftigte Ackersleute oder Handwerker ihren Unterhalt besonders auf den Mühlsteingruben, erstere auch in den Dachschiefergruben suchen.

Ausser diesen Unglücksfällen kommen jährlich noch viele geringere Verletzungen vor, welche, wenn sie die Extremitäten betroffen haben, zuweilen erst nach längerer Zeit die Mundklemme und den Tod des Verletzten nach sich ziehen, so dass in diesem nicht seltenen Falle eine ganz geringe Verletzung mit tödtlichem Ausgange endet. Solche Verletzungen an Händen oder Füssen kommen besonders häufig auf den Mühlsteingruben vor, wo die Behandlung der harten, scharfkantigen und meistens sehr schweren und unförmlichen Gesteinsstücke, welche, um sie auf den anderen Seiten behauen oder auch nur zum Unterschieben der Förderkette in eine günstige Lage, bringen zu können, vielfach gedreht und gewälzt werden müssen, durch eine kleine, nicht vorhergesehene Wendung leicht die Contusion eines Fingers, einer ganzen Hand oder eines Fusses zur Folge haben kann. Auch haben die Steinhauer oft durch kleine Gesteinssplitter oder Stahlfunken zu leiden welche ihnen in die Augen springen und mitunter zu langwierigen und schmerzhaften Augenkrankheiten Veranlassung geben.

IX. Arbeiterverhältnisse und Knappschaftsvereine.

Nach dem Durchschnitt der letzten zehn Jahre sind im Reviere im Ganzen jährlich 2622 Arbeiter beschäftigt, welche 5864 Familienglieder zu ernähren haben. Diese Arbeiterzahl vertheilt sich auf die Erzgruben mit 114 Arbeitern und 226 Familiengliedern, die Dachschieferbrüche mit 559 Arbeitern und 1313 Familiengliedern, die Mühlsteinbrüche mit 1324 Arbeitern und 2961 Familiengliedern, die Backofensteinbrüche mit 312 resp. 596 Personen und die Trassbrüche mit 313 Arbeitern und 768 Angehörigen. Die meisten dieser Arbeiter besitzen ein wenn auch nur bescheidenes Häuschen, einen kleinen Garten und einige Grundstücke. Nur einzelne Arbeiter, namentlich in Mayen, wohnen zur Miethe und sind nicht Grundeigenthümer. Ein eigentlicher Bergmannsstamm, wie in anderen Revieren, wo bedeutendere Werke seit langen Jahren in Betrieb stehen, ist im Reviere nicht vorhanden. Nur die Grube Silbersand hat sich einige Bergmannsfamilien herangezogen, deren Mitglieder, wenn der Betrieb der Gruben eingeschränkt wird und Arbeiter entlassen werden, nur selten auf auswärtigen Gruben Arbeit suchen, sondern zur ländlichen Arbeit zurückkehren.

Auf den Steinbrüchen ist es nicht viel anders. Es giebt hier nur wenige Familien, in welchen der Stand des Vaters, eines Leyers, Dachschiefer- oder Backofensteinbrechers oder auch Trassgrubenarbeiters, auf den Sohn übergegangen ist. Da die meisten Arbeiter etwas begütert sind, so wird, sobald die Feldarbeit ihre Anwesenheit verlangt, die Grubenarbeit unterbrochen.

Die tägliche Arbeitszeit beträgt im Durchschnitte 11 Stunden einschliesslich 2 Stunden Pause. Der Schichtlohn erreicht eine durchschnittliche Höhe auf den Erzgruben von 1,90 *M.*, auf den Mühlsteingruben für die Steinhauer von 2 *M.*, für die Leyer von 2,50 *M.* und für die Tagelöhner von 1,80 *M.*, auf den Schiefergruben für die Schieferbrecher und Spalter von 2 *M.* und für die Tagelöhner von 1,50 *M.*, endlich auf den Trassgruben von 1,75 *M.*

Die meisten der grösseren Werksbesitzer haben ihre Arbeiter in einer Versicherungsgesellschaft gegen Unfälle und auch gegen die Haftpflicht eingekauft. Auf den Mühlsteinbrüchen bei Mayen hatten sich früher viele Arbeiter bei der Gesellschaft Prometheus in Berlin gegen Unfall versichert, sind aber hiervon wieder abgekommen, seit sie an die Gesellschaft, welche auf Gegenseitigkeit gegründet ist, bedeutende Nachzahlungen machen mussten.

Zur Heranziehung und Ansiedelung fremder Arbeiter hat nur die Firma G. Herfeldt zu Andernach bei ihren Trassgewinnungen zu Plaidt zwei zweistöckige Doppelhäuser in vier Abtheilungen errichten lassen.

Zur Unterstützung kranker oder invalider Bergarbeiter oder deren Hinterbliebenen bestand bis zum Erlass des Knappschaftsgesetzes vom 10. April

1854 im Reviere kein Verein; die unter den Arbeitern auf den Mühlsteingruben bei Mayen, Cottenheim und Niedermendig errichteten sogen. Leyervereine (Bruderschaften) hatten nur einen kirchlichen Zweck, der besonders bei Sterbefällen hervortrat. Auf Grund des Knappschaftsgesetzes wurden aber vier Knappschaftsvereine gegründet, nämlich die Moselknappschaft, die Niedermendiger, die Mayener und die Cottenheimer Knappschaft.

1. Die Moselknappschaft.

Dieser Verein, welcher seinen Sitz zu Mayen hat, umfasst das ganze Revier und den auf dem linken Moselufer gelegenen Theil des Bergreviers Trier, das Bergrevier Gemünd mit Ausschluss des zum Kreise Schleiden gehörigen Theiles und von dem Bergreviere Düren den Theil südlich der Strasse von Stadtkyll über Losheim und Malmedy nach Stablo. Ausgenommen hiervon sind indess alle Werke, welche nach dem Statut vom 9. März 1859 zur Quinter Knappschaft gehören, sowie sämmtliche Dachschiefer-, Trass- und Mühlsteinbrüche.

Der Verein trat mit dem 1. Januar 1860 in's Leben und besteht aus einer allgemeinen Vereinskasse und sechs Krankenkassen. Das erste Statut vom 3. November 1859 hat indess im Laufe der Zeit mancherlei Abänderungen erlitten.

Zunächst wurden in dem Nachtrage vom 8. December 1864 die Krankenkassen-Vorsteher selbstständiger gestellt; es wurde ihnen unter Anhörung des betreffenden Knappschaftsältesten Alles zur Entscheidung zugewiesen, was die Krankenkasse betraf, jedoch durfte eine einmalige ausserordentliche Unterstützung die Höhe von 10 Thlr. nicht übersteigen. Die Verträge mit den Apothekern wurden abgeschafft, und den Mitgliedern blieb freigestellt, die verschriebenen Recepte in irgend einer nächstgelegenen Apotheke anfertigen zu lassen.

In Folge der Einführung des Allgemeinen Berggesetzes vom 24. Juni 1865 wurde auf Grund des § 166 desselben am 24. Februar 1866 ein neues Statut festgestellt, um die einzelnen Paragraphen mit den Vorschriften im Titel VII des Gesetzes in Einklang zu bringen.

Durch einen Nachtrag vom 14. September 1870 wurde es den Knappschaftsmitgliedern ermöglicht, sich die Rechte auf die Wohlthaten des Vereins auch in dem Falle zu erhalten, dass sie die Bergarbeit gänzlich verliessen.

Am 29. November 1871 wurde die Minimalzeit der Arbeitsunfähigkeit eines erkrankten Mitgliedes, welche zum Bezuge von Krankengeld berechtigt, von 6 auf 3 Wochentage herabgesetzt, was sich bis jetzt gut bewährt hat; ferner wurde die Begräbnissbeihülfe für die ständigen und unständigen Mitglieder auf die gleiche Höhe normirt.

Am 3. Dezember 1873 wurde die bisher als ausserordentliche Unterstützung gewährte Erhöhung aller Leistungen der Vereinskasse um 50 Procent den Unterstützungssätzen endgültig zugefügt und zugleich, um die Unterstützungen auf dieser Höhe halten zu können, mit Erhöhung der Beiträge vorgegangen. Ausserdem wurde das Lebensalter, welches die Arbeiter erreicht haben müssen, um ständige Mitglieder zu werden, von 21 auf 16 herabgesetzt.

Da indess die Erhöhung der Unterstützungen die Kassen über Erwarten in Anspruch nahm, so mussten am 13. November 1876 die Beiträge abermals erhöht werden. Dieselben betragen jetzt zur allgemeinen Vereinskasse von den ständigen Mitgliedern 1. Klasse monatlich 1,5 *M.*, von den ständigen 2. Klasse 1 *M.* Die unständigen Mitglieder bezahlen zur Vereinskasse keine Beiträge. Zur Krankenkasse Bleialf betragen die Beiträge der ständigen Mitglieder 1. Klasse monatlich 1,2 *M.*, der ständigen 2. Klasse 0,8 *M.* und der unständigen 0,7 *M.* Zu den übrigen Krankenkassen entrichten die ständigen Mitglieder 1. Klasse monatlich 1 *M.*, die ständigen 2. Klasse sowie die unständigen 0,6 *M.*

Bisher waren die Beiträge der Werksbesitzer eben so hoch gewesen, wie die der Knappschaftsmitglieder und sollten dies nach den Statuten auch so lange bleiben, bis das Kapitalvermögen pro Kopf der ständigen Mitglieder die Höhe von 75 *M.* erreicht haben würde. Als dieser Stand der Kasse erreicht war, wurden am 6. Juni 1877 die Beiträge der Werksbesitzer zu den Krankenkassen auf die Hälfte und zu der allgemeinen Vereinskasse auf sieben Zehntel der Beiträge der Knappschaftsmitglieder ermässigt. Ausserdem wurde bestimmt, dass je nach Bedürfniss für einzelne Krankenkassenbezirke das Krankengeld erhöht oder erniedrigt werden könne, während dasselbe bis dahin in allen Krankenkassenbezirken gleich hoch war. Gleichzeitig wurde auch das Institut der Halbinvaliden eingeführt, so dass von da ab die zu häuslichen oder Feld-Arbeiten noch fähigen Invaliden nur die Hälfte der festgesetzten Pension beziehen.

Die beinahe vollständige Betriebseinstellung des Alfer Eisenwerkes in den darauf folgenden Jahren, wodurch dem Vereine eine grosse Anzahl Invaliden zugeführt wurde, sowie die bedeutende Betriebseinschränkung der Grube Neue Hoffnung bei Bleialf und die dadurch bedingte Entlassung vieler Arbeiter, von welchen sich wiederum die nur einigermaassen kränklichen die Invaliditätserklärung zu verschaffen wussten, brachten den Verein in eine schwierige Lage, da einerseits die Ausgaben bedeutend stiegen und andererseits die Einnahmen sich verminderten. Durch einen Nachtrag zum Statut vom 6. Oktober 1881 wurden desshalb, da von einer Erhöhung der Beiträge abgesehen werden musste, die Unterstützungen im Durchschnitte wieder auf den Betrag herabgesetzt, welchen sie vor der Erhöhung am 3. Dezember 1873 hatten.

Gegenwärtig gewährt der Verein aus den Krankenkassen den dem betreffenden Bezirke angehörigen Mitgliedern

1. freie Kur und Arznei bei Krankheiten oder Beschädigungen, welche sie sich nicht durch eigenes grobes Verschulden zugezogen haben, im Falle einer mindestens dreitägigen Arbeitsunfähigkeit, und zwar den ständigen aktiven und invaliden Mitgliedern bis zu ihrer völligen Wiederherstellung, den unständigen nur zwei Monate lang, welche Zeit jedoch der Krankenkassenvorsteher in besonderen Fällen nach Anhörung des Arztes und des Aeltesten bis zur Genesung ausdehnen kann;

2. Krankengeld, ebenfalls nur bei Erkrankungen oder Beschädigungen ohne eigenes grobes Verschulden. Die ständigen Mitglieder sind zu dessen Bezuge 80 und mit besonderer Genehmigung des Vorstehers auch noch länger berechtigt, beziehen aber nach Verlauf von 160 Wochentagen bis zur vollständigen Genesung als Krankengeld die Unterstützung, welche sie als Invaliden erhalten würden. Die unständigen Mitglieder erhalten Krankengeld nicht länger, als 60 Wochentage;

3. eine Beihülfe zu den Begräbnisskosten, wobei ein Unterschied gemacht ist, ob das Mitglied bei der Arbeit verunglückte oder nicht;

4. ausserordentliche Unterstützungen in Fällen schwerer oder langwieriger Krankheiten oder unverschuldeter dringender Noth.

Aus der allgemeinen Vereinskasse werden den Mitgliedern folgende Unterstützungen gewährt:

1. eine lebenslängliche Invalidenunterstützung, wenn das Mitglied durch Alter oder durch eine ohne eigenes grobes Verschulden entstandene Krankheit oder Beschädigung arbeitsunfähig geworden ist. Hierzu sind jedoch die ständigen Mitglieder erst nach einem fünfjährigen Dienstalter und die unständigen nur im Falle einer Verunglückung im Berufe berechtigt;

2. eine Unterstützung der Wittwen, wenn der verstorbene Mann zur Invalidenunterstützung berechtigt war, auf Lebenszeit bezw. bis zur etwaigen Wiederverheirathung;

3. eine Unterstützung der Waisen ständiger Mitglieder bis zum zurückgelegten 14. Lebensjahre, wobei ein Unterschied gemacht ist zwischen Waisen, deren Mutter noch lebt, und solchen, deren beide Aeltern gestorben sind;

4. ausserordentliche Unterstützungen an Vereinsmitglieder, Invaliden, Wittwen und Waisen in Fällen dringender, unverschuldeter Noth.

Die Verwaltung des Vereins geschieht durch einen Vorstand von sechs Mitgliedern, welche je zur Hälfte von den Werksbesitzern und den Knappschaftsältesten auf sechs Jahre gewählt werden. Dem Vorstande stehen Knappschaftsälteste zur Seite, deren Sprengel durchschnittlich je 200 Knappschaftsmitglieder umfassen.

Der Vermögensstand des Vereins ergiebt sich seit der Zeit seines Bestehens aus folgender Nachweisung:

Jahr.	Mitglieder ständige.	Mitglieder unständige.	Mitglieder zusammen.	Einnahme ℳ	Einnahme ₰	Ausgabe ℳ	Ausgabe ₰	Vermögen am Schlusse des Jahres ℳ	Vermögen am Schlusse des Jahres ₰
1860	223	386	609	11 384	57	7 462	90	3 921	67
1861	203	446	649	11 514	41	7 190	44	8 245	64
1862	199	484	683	11 454	18	8 299	75	11 400	07
1863	263	480	743	13 792	48	9 265	46	15 927	09
1864	225	258	483	11 035	80	8 860	22	18 102	67
1865	261	372	633	11 581	30	7 142	17	22 541	80
1866	273	426	699	13 621	29	9 348	80	26 814	29
1867	284	483	767	14 010	95	10 288	18	30 537	06
1868	316	454	770	15 026	00	9 603	33	35 959	73
1869	358	366	624	14 658	03	10 262	86	40 354	90
1870	341	420	761	15 668	54	13 594	49	42 428	95
1871	369	472	841	16 335	06	15 170	71	43 593	30
1872	391	608	999	18 477	75	16 362	52	45 708	53
1873	321	486	807	20 386	54	18 565	48	47 529	59
1874	786	101	887	23 236	06	19 392	48	51 373	17
1875	823	90	913	22 300	94	22 280	87	51 393	27
1876	844	79	922	23 237	80	23 983	49	50 647	58
1877	831	95	926	31 510	97	26 613	78	55 544	77
1878	818	93	911	32 432	04	24 442	63	63 534	18
1879	459	42	501	27 051	90	24 290	42	66 295	66
1880	343	35	378	17 472	53	20 652	65	63 115	54
1881	352	40	392	15 240	77	19 450	15	58 906	16
1882	255	7	262	13 765	78	14 219	89	58 452	05

2. Die Knappschaftsvereine zu Niedermendig, Mayen und Cottenheim.

Die Statuten dieser Knappschaftsvereine beruhen auf derselben gesetzlichen Grundlage, wie diejenigen der Moselknappschaft. Da die Vereine aber nur kleine Bezirke, nämlich die Mühlsteingruben bei Niedermendig, Mayen und Cottenheim und die dort beschäftigten einheimischen Arbeiter umfassen, so war die Errichtung besonderer Krankenkassen nicht angezeigt.

Auch bei diesen Vereinen sind die Statuten im Laufe der Jahre manchen Aenderungen unterworfen worden, welche theils den Zweck hatten, die durch den § 166 des Allg. Berggesetzes verlangte Uebereinstimmung mit den Vorschriften desselben herbeizuführen, theils auf Erhöhung der Beiträge, sowie auf Herabsetzung und periodisch auch wieder auf Erhöhung des Krankengeldes berechnet waren.

Der Niedermendiger Knappschaftsverein trat auf Grund seines ersten Statuts vom 24. Juni 1861 am 1. Januar 1862 in's Leben und wird gegenwärtig nach dem revidirten Statut vom 19. März 1872 nebst Nachtrag vom 3. Juni 1880 verwaltet. Er hat seinen Sitz in Niedermendig. Der Vorstand besteht aus sechs Mitgliedern; ihm zur Seite stehen zwei Knappschaftsälteste.

Das erste Statut der Mayener Knappschaft vom 5. April 1862 trat am

1. Mai desselben Jahres in Kraft und gilt gegenwärtig in der demselben unter dem 24. Februar 1866 gegebenen neuen Fassung, mit einem Nachtrage vom 3. Januar 1868. Mayen ist Sitz des Vereins, der von einem ebenfalls aus sechs Mitgliedern bestehenden Vorstande verwaltet wird und drei Aeltestensprengel umfasst.

Der Cottenheimer Knappschaftsverein trat ebenfalls am 1. Mai 1862 in's Leben. Sein Sitz ist in Cottenheim. Das Statut desselben vom 5. April 1862 erhielt nach Einführung des Allg. Berggesetzes unter dem 24. Februar 1866 seine jetzige Fassung. Die Verwaltung findet unter Mitwirkung von zwei Aeltesten durch einen aus sechs Mitgliedern bestehenden Vorstand statt.

Die Mitglieder der drei Vereine sind gleichberechtigt und bilden keine verschiedene Klassen. Die Unterstützungen, welche denselben gewährt werden, sind:

1. Freie Kur und Arznei bei Krankheiten oder Beschädigungen, welche sie sich ohne eigenes grobes Verschulden zugezogen haben, bis zur völligen Wiederherstellung;

2. Krankengeld bei Erkrankungen oder Beschädigungen ohne eigenes grobes Verschulden und wenn die Krankheit mindestens fünf Tage lang dauert. Zum Bezuge des Krankengeldes über drei Monate hinaus ist die Genehmigung des Vorstandes erforderlich; nach Ablauf von sechs Monaten wird als Krankengeld die bezügliche Invalidenpension gezahlt;

3. ein Beitrag zu den Begräbnisskosten, und zwar bei der Niedermendiger Knappschaft in Folge einer Verunglückung bei der Berufsarbeit mehr, als bei einem gewöhnlichen Todesfalle;

4. eine lebenslängliche Invalidenunterstützung bei einer durch Alter oder durch eine ohne eigenes grobes Verschulden entstandene Krankheit oder Beschädigung verursachten Arbeitsunfähigkeit; doch ist hierzu bei der Niedermendiger Knappschaft ein Dienstalter von fünf, bei den beiden anderen Knappschaften ein solches von zehn Jahren erforderlich, während bei Verunglückung im Berufe von dieser Veraussetzung abgesehen wird;

5. eine Unterstützung der Wittwen, wenn der verstorbene Mann zur Invalidenunterstützung berechtigt war, bis zu ihrem Tode bezw. ihrer Wiederverheirathung;

6. im gleichen Falle eine Unterstützung der hinterlassenen Waisen bis zum zurückgelegten 14. Lebensjahre. Waisen, deren Aeltern beide todt sind, erhalten mehr, als solche, deren Mutter noch lebt;

7. in Fällen dringender, unverschuldeter Noth ausserordentliche Unterstützungen.

Der Vermögensstand dieser Vereine seit der Zeit ihres Bestehens ist aus den folgenden Nachweisungen ersichtlich:

Jahr	Mit-gliederzahl	Einnahme		Ausgabe		Vermögen am Schlusse des Jahres	
		M	₰	M	₰	M	₰
		Niedermendiger Knappschaft.					
1862	132	1 939	75	1 882	31	57	44
1863	136						
1864	140	1 177	10	710	55	523	99
1865	140	1 246	86	1 464	40	306	45
1866	157	1 286	90	1 233	32	360	03
1867	163	1 280	69	1 175	97	464	75
1868	146	1 417	31	1 405	97	476	09
1869	148	1 641	50	1 583	50	534	09
1870	132	1 622	90	1 464	42	692	57
1871	134	1 439	80	1 356	23	776	14
1872	134	1 931	16	2 113	41	593	89
1873	128	2 083	10	2 430	70	246	29
1874	133	2 541	61	2 005	89	782	01
1875	135	2 509	23	1 926	59	1 364	65
1876	134	2 279	96	2 092	14	1 552	47
1877	132	2 188	23	1 805	57	1 935	13
1878	126	2 135	76	2 047	48	2 023	41
1879	118	1 918	65	2 056	08	1 885	98
1880	106	1 991	63	1 808	35	2 069	26
1881	101	2 062	32	2 189	51	1 942	07
1882	106	2 004	80	1 825	44	2 121	43
		Mayener Knappschaft.					
1862	293	917	40	516	89	400	51
1863	338	1 728	44	1 600	58	528	37
1864	330	1 936	78	1 627	61	837	52
1865	249	1 542	05	1 631	80	747	77
1866	300	1 869	46	2 057	68	559	55
1867	290	1 952	90	1 889	58	622	87
1868	330	2 057	89	1 395	51	1 285	25
1869	352	2 043	40	1 377	64	1 951	01
1870	365	2 388	84	1 732	54	2 607	31
1871	361	1 943	43	2 156	54	2 394	20
1872	354	2 038	15	2 003	04	2 429	31
1873	364	2 392	03	1 868	18	2 953	15
1874	391	2 487	70	2 092	80	3 348	05
1875	464	3 124	69	2 556	25	3 916	49
1876	462	2 574	97	2 829	42	3 662	04
1877	479	3 405	15	2 856	93	4 210	26
1878	505	3 467	60	3 020	41	4 657	45
1879	503	3 270	72	2 519	08	5 409	09
1880	503	3 214	25	2 674	32	5 949	02
1881	580	3 499	65	3 490	02	5 958	65
1882	567	3 471	—	3 468	—	5 961	65
		Cottenheimer Knappschaft.					
1862	149	469	50	302	12	167	38
1863	170	834	20	769	52	232	06
1864	181	811	84	730	84	313	06
1865	175	1 097	05	1 126	09	284	02
1866	169	1 049	50	1 051	37	282	15
1867	185	1 138	40	923	79	496	76

Jahr	Mitgliederzahl	Einnahme		Ausgabe		Vermögen am Schlusse des Jahres	
		M.	*₰*	*M.*	*₰*	*M.*	*₰*
1868	187	1 146	20	1 047	03	595	93
1869	193	1 356	31	1 202	94	749	30
1870	197	1 305	26	1 389	64	664	92
1871	200	1 157	55	1 130	52	691	95
1872	197	1 541	41	1 162	20	1 071	16
1873	197	1 503	41	1 396	95	1 177	62
1874	207	1 567	78	1 136	96	1 608	44
1875	209	1 621	55	1 171	80	2 058	19
1876	220	1 718	04	1 411	28	2 364	95
1877	228	1 770	73	1 407	49	2 728	19
1878	240	1 880	53	1 415	57	3 193	15
1879	245	1 950	52	1 375	23	3 759	45
1880	250	2 024	86	1 323	12	4 453	—
1881	253	2 083	73	1 577	78	4 958	95
1882	260	2 153	30	1 815	39	5 296	86

3. Sonstige Unterstützungsvereine.

Ausser den auf Grund der gesetzlichen Bestimmungen eingerichteten Knappschaftsverbänden bestehen noch mehrere Unterstützungsvereine, zu welchen die Mitglieder sich theilweise freiwillig vereinigt haben.

Ein solcher Verein besteht für die Dachschiefergruben Colonia und Constantia bei Kaisersesch, welche der Firma M. J. Helff zu Köln gehören. Jeder Arbeiter, welcher auf einer dieser Gruben beschäftigt sein will, muss die Verpflichtung eingehen, der Kasse beizutreten. Als Beiträge werden bei jeder Auslohnung zwei Procent des Verdienstes abgehalten. Der Werksbesitzer bezahlt keine Beiträge, giebt aber bei etwaigen Unglücksfällen ausreichende Unterstützungen.

Die Mitglieder haben Anspruch:

1. auf freie Kur und Arznei für die Dauer der Krankheit;

2. auf Krankenlohn für längstens 8 Wochen, wobei ein Unterschied zwischen verheiratheten und nicht verheiratheten Mitgliedern und deren Dienstalter gemacht ist;

3. auf eine Beihülfe zu den Begräbnisskosten, welche bei Verunglückung im Berufe höher bemessen ist, als bei einem gewöhnlichen Sterbefalle.

Am Schlusse des Jahres 1882 zählte der Verein 53 Mitglieder und besass ein Vermögen von 774 *M.*

Der zweite dieser Vereine hat sich für die übrigen Dachschiefergruben bei Kaisersesch gebildet. Beiträge werden hier nicht regelmässig, sondern bei den 14tägigen Auslohnungen nur dann erhoben, wenn während dieser Zeit ein Mitglied erkrankt, verunglückt oder gestorben ist. Der Verein gewährt seinen Mitgliedern Krankenlohn und eine Begräbnissbeihülfe, welche bei Verunglückungen in der Berufsarbeit grösser sind, als bei gewöhnlichen Todesfällen.

Da die Zahl der Arbeiter einem beständigen Wechsel unterworfen ist, so ändert sich auch fortwährend die Zahl der Vereinsmitglieder. Im Durchschnitt kann dieselbe zu 230 angenommen werden. Die Gesammtsumme der Unterstützungen, welche während der Zeit des Bestehens des Vereins vom 1. Oktober 1869 bis zum Schlusse des Jahres 1882 gewährt worden sind, beträgt 21635 *M*.

X. Verkehrsverhältnisse.

Wie bereits in dem topographischen Theile erwähnt, wird das Revier auf der nordöstlichen Seite vom Rhein und auf der südöstlichen von der Mosel eingeschlossen. Die Schifffahrt auf beiden Flüssen, namentlich auf dem Rhein, vermittelt einen lebhaften Absatz von Produkten des Reviers. Auch die linksrheinische Eisenbahn nimmt in hervorragender Weise an diesem Absatze Theil. Die zu derselben gehörigen Zweigbahnen von Andernach über Niedermendig (eröffnet 1878) nach Mayen (1880), mit Anschlüssen an die Trassgruben von G. Herfeldt bei Plaidt und die Mühlsteingrube von J. Ohlig bei Mayen, ferner von Remagen nach Ahrweiler (1880), endlich von Bonn nach Euskirchen (1880) haben einen recht merkbaren Aufschwung des Handels und Verkehrs im Innern des Landes hervorgerufen. Die beiden ersteren Sekundärbahnen sehen ihrer Fortsetzung in die höhere Eifel, von Ahrweiler bis Adenau und von Niedermendig nach Weibern entgegen. In neuester Zeit ist das Projekt aufgetaucht, anstatt dieser letzteren Linie eine Verbindung von Brohl aus mit den Backofensteinbrüchen bei Weibern herzustellen, wodurch auch die Trassgruben im Brohlthale, bei Tönnisstein, Wassenach und Burgbrohl, die Lavabrüche bei Hannebach und am Perlenkopf und die gewerblichen Etablissements im Brohl- und Gleesthale an die Bahnlinie würden angeschlossen werden.

Auch die Moselgegend, welche bis in die neuere Zeit bloss eine häufig unterbrochene Verbindung durch die Moselschifffahrt besass, wurde vor etwa 15 Jahren mit der Landstrasse bedacht, welche von Trier nach Wittlich und Alf, von dort auf dem linken Ufer der Mosel bis Treis und dann auf dem rechten Ufer nach Coblenz führt. Ungleich wichtiger wurde aber demnächst die Aufnahme in das grosse Eisenbahnnetz Deutschlands durch die am 15. Mai

1879 eröffnete Moselbahn, welche das Revier an seiner südöstlichen Grenze die Mosel entlang von Coblenz bis Bullay begleitet. Die gewaltigen Arbeiten an den steilen Gehängen der Moselberge wurden in verhältnissmässig kurzer Zeit ausgeführt; der 4216 m lange Kaisertunnel bei Cochem wurde nach kaum zweijähriger Arbeit am 6. Mai 1877 durchschlägig.

Ausser diesen Verkehrswegen führen vom Rhein her nach dem Innern des Landes noch die Strassen von Coblenz über Polch, Kaisersesch und Lutzerath nach Trier; von Coblenz über Bassenheim und Ochtendung nach Mayen; von Andernach und Neuwied über Kruft, Niedermendig und Cottenheim nach Mayen, wo diese Strasse sich mit der Coblenz-Mayener Strasse vereinigt, um einerseits weiter über Monreal nach Kaisersesch zum Anschluss an die Coblenz-Trierer Strasse und andererseits nach Kelberg und der höheren Eifel, sowie über Virneburg nach Adenau zu führen; ferner von Brohl durch das Brohlthal nach Burgbrohl und Niederzissen; endlich von Sinzig und Remagen über Ahrweiler und Altenahr nach Adenau und Kelberg zum Anschlusse an die Strassen von Mayen.

Von der Mosel aus gehen Landstrassen von Gondorf, Cattenes, Hatzenport, Moselkern und Carden nach Münstermaifeld und Polch; von Cochem nach Kaisersesch, Uelmen und Kelberg, sowie nach Lutzerath und Daun; endlich von Alf über Alfer Eisenwerk nach Bertrich und Lutzerath. Hiernach besitzt das Revier, wenn auch noch die projektirte Fortsetzung der Brohlstrasse über die Lavasteinbrüche bei Hannebach und die Backofensteinbrüche bei Weibern nach Adenau ausgeführt sein wird, nach allen Richtungen hin die bequemsten Verbindungen.

XI. Auf das Revier bezügliche geognostische, mineralogische etc. Druckschriften und Ausarbeitungen.

Günther, Andernac. Comment. de balneis et aquis medicatis. Argentor. 1565, S. 136.

Tabernaemontanus. Neuer Wasserschatz. Frankfurt 1593, S. 316.

Petrus Holtzenius. Descriptio fontis medicati St. Antonii vulgo Tilleborn dicti prope Andernacum. Colon. Agripp. 1620.

J. D. Horst. Kurze Beschreibung des Tönnessteiner Saurbrunnens. Frankfurt 1680.

J. Th. Mören. Newe Beschreibung des Tönesteiner Saurbrunnens. Bonn 1699.

F. E. Bruckmann. Magnalia Dei in locis subterraneis. Braunschweig 1727.

J. W. Blank. Kurze Prüf- und Untersuchung des Tönnesteiner Gesundheitsbrunnen. Cöln 1750.

(Anonym). Gesammelte Nachrichten über den in den Niederländischen Provinzen gebräuchlichen Cement aus Trass. Dresden und Leipzig 1773.

J. B. J. Grabler. Abhandlungen von denen Gesundbrunnen bei Untersuchung des Tönnesteiner und Heilbrunnen-Wassers. Bonn 1775.

G. A. Suckow. Chemische Untersuchung des Mühlsteins. Bemerkungen der kurpfälz.-physic.-öconom. Gesellschaft. Mannheim 1775, S. 250.

C. Collini. Journal d'un voyage qui contient des observations sur les Agates et le Basalte. Mannheim 1776.

J. D. Flad. Ueber die Verwandtschaft des Trasses und des Bimssteines. Bemerkungen der kurpfälz.-physic.-öconom. Gesellschaft. 1776, S. 165.

C. Collini. Tagebuch einer Reise in den Agat- und Basaltgegenden. Uebersetzung aus dem Französischen mit Anmerkungen von J. S. Schrötter. Mannheim 1777.

G. Suckow. Chem. Untersuchung des Backofensteins zu Bell. Bemerkungen der kurpfälz.-physic.-öconom. Gesellschaft. 1777, S. 258 ff.

W. Hamilton. Neuere Beobachtungen über die Vulkane Italiens und am Rhein, nebst Bemerkungen. Frankfurt und Leipzig 1784.

J. B. v. Schoenebeck. Ueberbleibsel erloschener Vulkane in einigen Gegenden des Niederrheins. Bonn 1785.

J. G. Kühn. Systematische Beschreibung der Gesundbrunnen und Bäder Deutschlands. Breslau 1789, S. 306.

K. W. Nose. Sammlung einiger Schriften über vulkanische Gegenstände und den Basalt. Frankfurt 1795.

J. A. Zückert. Systematische Beschreibung aller Gesundbrunnen und Bäder Deutschlands. Görlitz 1795, S. 186.

F. Wallersheim. Abhandlung über die vorzüglichen Eigenschaften der bis hiehin zu sehr verkannten Tönnesteiner- und Heilbrunnen unweit Andernach. 1799.

Derselbe. Ueber denselben Gegenstand in Göttinger gelehrte Zeitung. 1800. S. 111.

Barth. Faujas de St. Fond. Mémoire sur le Trass ou Tuffe volcanique des environs d'Andernach; avec planche. Annales du Muséum national d'histoire naturelle. Paris 1802, Tome I pag. 15—26.

Derselbe. Description des carrières souterraines et volcaniques de Niedermennich, d'où l'on tire des laves poreuses, propres à faire d'excellentes meules de moulins. Paris 1802, pag. 181—193.

Dethier. Coup-d'oeil sur les anciens volcans. Paris 1803.

C. F. P. Masson. Notice historique et descriptive des bains de Bertric. Coblence 1807.

F. T. Calmelet. Rapport sur les anciennes mines. Journal des Mines 1808. Vol. 24 Nr. 140, pag. 81—104.

Derselbe. Mémoire statistique sur les richesses minérales du département de Rhin-et-Moselle. Ibid. Nr. 148, 1809, pag. 257—312; Nr. 149, pag. 321—373.

Derselbe. Statistische Beschreibung der mineralischen Reichthümer des Departements von Rhein und Mosel. Handbuch für die Bewohner des Rhein- und Moseldepartements f. d. J. 1809. Coblenz 1809, S. 161—288. Die Fortsetzung in franz. Sprache. Handb. etc. für 1812, S. 29—120.

F. G. Wegeler. Einige Worte über die Mineralquelle zu Tönnisstein. Coblenz 1811. 2. Aufl. 1821. Französisch 1812.

J. Noeggerath. Ueber eine Streiferei von Bonn zum Laacher See. Neue Jahrb. der Berg- und Hüttenkunde 1815. Bd. 3 S. 217—228.

Derselbe. Vorkommen des Bimsstein-Conglomerats in der Gegend von Neuwied. Taschenb. f. d. ges. Min. von C. C. v. Leonhard. 1818. Jahrg. 12, S. 180.

C. W. Nose. Ueber die Bimssteine und deren Porphyre. Frankfurt a. M. 1819.

J. Steininger. Geognostische Studien am Mittelrhein. Mainz 1819.

Derselbe. Die erloschenen Vulkane der Eifel und am Niederrhein. Mainz 1820.

Stengel. Geognostische Beiträge zur Kenntniss der Eifel. Akten des K. Oberbergamts zu Bonn. 1820.

W. Stein. Vorkommen von Schwerspath in der Eifel. Ebendas. 1820.

J. Steininger. Neue Beiträge zur Geschichte der Rheinischen Vulkane. Mainz 1821.

J. Noeggerath. Ueber die Entdeckung zweier merkwürdiger Fossilien im Rheinischen Trapp- und vulkanischen Gebirge (Apatit, Hyazinth und Zirkon). Das Gebirge in Rheinland-Westphalen. 1822. Bd. I S. 366—370.

M. A. Pictet. Eisbildung in Höhlen (Niedermendig). (Mém. de Genève. Reisebericht über die Basalte am Rhein.) Jahrb. der Chem. und Phys. von Schweigger. 1822. Bd. 6 S. 243.

J. Steininger. Gebirgskarte der Länder zwischen dem Rhein und der Maas. Mainz 1822.

C. Bergemann. Ueber Hauyn, Nosean, Sodalit und Lasurstein in mineral. und chem. Beziehung. Das Gebirge in Rheinland und Westphalen. 1823. Bd. II S. 302—347.

(Anonym). Pyrotechnische Versuche mit niederrhein. Basalt, nebst Folgerungen. Anhangsworte über die rhein. Bimssteine. Nachtrag. Ebendas. 1824. Bd. III S. 150—173.

H. v. Dechen. Die vulkanischen Punkte in der Gegend von Bertrich. Ebendas. 1824. Bd. III S. 113—138.

Noeggerath und Nees v. Esenbeck. Giebt Tacitus einen histor. Beweis von vulkanischen Eruptionen am Niederrhein? Ebendas. 1824. Bd. III S. 59—112 u. 225—230.

v. Oeynhausen und v. Dechen. Tagebuch, geführt auf einer Reise von Bonn bis Coblenz und von da durch die Eifel. Akten des K. Oberbergamts zu Bonn. 1824.

J. Noeggerath und G. Bischof. Beständige Mofetten in dem vulkanischen Gebirge der Eifel. Jahrb. der Chemie u. Phys. 1825. Bd. 23 S. 28—41 u. 371—372. Nachschreiben hierzu von G. Bischof 1826. Arch. f. d. ges. Naturlehre von Kastner. Bd. 9 S. 337—354.

Dieselben. Ueber die aus vulkan. Gebirgsarten auswitternden Salze, insbesondere über die aus dem Trass in den Umgebungen des Laacher Sees und aus den Laven bei Bertrich. Das Geb. in Rheinl. u. Westph. 1826. Bd. IV S. 238—263.

v. Oeynhausen und v. Dechen. Bemerkungen über den Duckstein und Trass. Karsten, Archiv f. Bergb. 1826. Bd. XI S. 414—418.

G. Bischof. Die vulkanischen Mineralquellen Deutschlands. Bonn 1826, S. 175.

Hufeland. Journal der praktischen Heilkunde. Supplementheft, 1827, S. 122.

G. Poulett Serope. Beobachtungen über die vulkanischen Eruptionen Teutschlands, geogn.-geol. dargestellt. Karsten, Archiv. 1826. Bd. IV S. 295—304.

N. J. v. d. Wyck. Uebersicht der Rheinischen und Eifeler erloschenen Vulkane etc. Bonn 1826.

Schmidt. Nachweisung der im Regierungsbezirk Coblenz vorhandenen Mineralquellen. Akten des K. Oberbergamts zu Bonn. 1826.

C. F. Harless. Das Bad Bertrich. Coblenz 1827.

J. Noeggerath. Saphir in Mühlsteinlava von Niedermendig. Jahrb. d. Chem. u. Phys. von Schweigger. 1827. Bd. 21 S. 363—364.

Oligschläger und Grund. Ueber das Vorkommen von Kupfererz in Bertrich. Akten des K. Oberbergamts zu Bonn. 1827.

J. Noeggerath. Saphir von Niedermendig und Laach. Taschenb. f. d. ges. Min. von C. C. von Leonhard. 1828. Jahrg. 22, Bd. 1 S. 256.

W. Schulze. Polarität zweier Basaltfelsen in der Nähe der Nürburg in der Eifel, nebst Bemerkungen über die Verbreitung des Basaltes in dieser Gegend, mitgetheilt von J. Noeggerath. Jahrb. f. Chem. u. Phys. von Schweigger. 1828. Bd. 22 S. 221—229.

Derselbe. Die Mühlsteinbrüche zwischen Mayen und dem Laacher See. Karsten, Archiv. 1828. Bd. 17 S. 386—432.

Derselbe. Mineralog. und bergm. Bemerkungen auf einer Reise durch die Eifel. Akten des K. Oberbergamts zu Bonn. 1828.

G. Bischof. Vermischte Bemerkungen über die natürlichen Kohlensäure-Exhalationen in den Umgebungen des Laacher Sees. Jahrb. f. Chem. u. Phys. von Schweigger-Seidel. 1829. Bd. 26 S. 129—148.

J. Noeggerath. Ueber die beim Tönnissteiner Mineralbrunnen abgehaltene Besichtigung wegen Zulässigkeit von Ducksteingewinnungen. Akten des K. Obergamts zu Bonn. 1830.

Sam. Hibbert. History of the extinct Volcanoes of the basin of Neuwied on the Lower Rhine. Edinburgh and London. Auszug im Jahrb. für Miner. von v. Leonhard und Bronn. 1832. Jahrg. 1834 S. 657—687.

J. Reynaud. Coup d'oeil sur les formations volcaniques des bords du Rhin. Annales des Mines. 1832. Série 3 Vol. 2 pag. 361—400.

Ch. Lyell. Beobachtungen über die Lehmablagerung, Löss im Rheinbecken. (James, Edinb. n. philos. Journal 1834. 17. S. 110—132.) Jahrb. für Miner. von v. Leonhard und Bronn. Jahrg. 1835. S. 101—104.

Fr. Mohr. Ueber die Tragkraft des Rhein- und Moselwassers. (Spec. Schwere beider Wasser.) Rhein. Provinzialblätter. Neue Folge, 1835. Bd. IV S. 277—288.

H. J. v. d. Wyck. Ueber die Rheinischen und Eifeler erloschenen Vulkane, vorzüglich in Beziehung auf Hibberts Geschichte der ersteren. N. Jahrb. f. Miner. von v. Leonhard und Bronn. S. 129—165. 2. Ausgabe, 1836, S. 404.

J. Noeggerath. Die Bellthaler Mineralquelle bei Winningen (Analyse). Rhein. Provinzialblätter. Neue Folge, 1837, Bd. 2 S. 237—241.

Derselbe. Erdbeben in der Gegend von Mayen und Niedermendig beim Laacher See. Karsten und v. Dechen, Archiv f. Miner. 1840. Bd. 14 S. 572—575.

F. Varrentrapp. Chem. Untersuchung des Noseans, Hauyns, Lasursteins etc. Poggendorf's Annalen der Physic. 1840. Bd. 49 (125) S. 515—522.

A. Goldfuss. Hippotherium gracile im Löss a. d. Mosel. N. Jahrb. für Miner. von v. Leonhard und Bronn. 1841. S. 357—358.

J. Noeggerath. Zirkon (Hyazinth) in der porösen Mühlsteinlava von Niedermendig. Ebendas. 1841. S. 326.

Derselbe. Das Erdbeben in den Kreisen Mayen und Coblenz vom 13. October 1842. Karsten und v. Dechen, Archiv f. Miner. 1843. Bd. 17 S. 791—794.

H. v. Dechen. Ueber einen Lavastrom im Nettethale. Verh. d. naturhist. Ver. 1844. Jahrgang 1 S. 65—70.

C. G. Ehrenberg. Ueber einen deutlichen Einfluss des unsichtbar kleinen organischen Lebens als vulkanisch gefrittete Kieselmasse auf die Massenbildung von Bimsstein, Tuff, Trass, vulkanischem Conglomerat und auch auf das Muttergestein des nordasiatischen Marekaints (Hochsimmer). Bericht über die Verhandl. der Akademie der Wissensch. zu Berlin. 1844. S. 324—344.

Förstemann. Ueber das magnetische Verhalten der Basalte und Laven in der Eifel. Verh. d. naturhist. Ver. Jahrg. 1. 1844. S. 4—13.

J. Noeggerath. Vorkommen lebendiger Wesen im kleinsten Raume in der Provinz (Infusorienlager am Hochsimmer bei Mayen). Verh. d. naturhist. Ver. Jahrg. 1. 1844. Corresp. 6 u. 7 S. 52.

H. v. Dechen. Eifeler Vulkane; Porphyr u. Basaltconglomerat. N. Jahrb. f. Miner. 1845. S. 582—583.

C. G. Ehrenberg. Vorläufige Mittheilung über die weitere Erkenntniss der Beziehungen des kleinsten organischen Lebens zu den vulkanischen Massen der Erde. I. Ueber die vulk. Infusorien-Tuffe (Pyrobiolithen) vom Rhein. Bericht über die etc. Verhandl. der Akademie der Wissensch. zu Berlin. 1845. S. 133—139.

F. Sandberger. Ueber die Mineralien des Laacher Sees. N. Jahrb. f. Miner. 1845. S. 140—149.

C. G. Bartels. Der Lavastrom in der Bomskaule am Katzenberge unterhalb Mayen. Verhandl. d. naturhist. Ver. 1846. S. 23—26.

H. v. Dechen. Vulkanische Erscheinungen bei Bertrich. Kölnische Zeitung, Nr. 180, 1846, 29. Januar. Beilage.

G. Bischof. Analyse von 33 Mineralquellen in den Umgebungen des Laacher Sees und 38 süssen Quellen in den Rheingegenden. Kölnische Zeitung, Nr. 315, 1846, 11. November. Beilage. Daraus im N. Jahrb. für Miner. S. 615 u. 616.

C. G. Ehrenberg. Weitere Untersuchungen des mikroskopischen organischen Verhältnisses zu den vulkanischen Ablagerungen beim Laacher See etc. Bericht über die etc. Verhandl. der Akademie der Wissensch. zu Berlin. 1846. S. 158—171.

L. Elsner. Zusammensetzung des Rheinischen Trasses oder Ducksteins. Erdm. und March., Journal. Bd. 33 S. 21. Daraus im N. Jahrb. f. Miner. 1846. S. 74.

J. Noeggerath. Die unterirdischen Mühlsteinbrüche von Niedermendig und Mayen. Ebendas. 1846. S. 857—864.

Fr. Mohr. Chemische Analyse des Mineralwassers zu Bertrich. Akten d. K. Oberbergamts zu Bonn. 1846.

Baur. Geognostische Beobachtungen über die auf der Sektion Mayen der Generalstabskarte dargestellte Gegend. Ebendas. 1846.

H. v. Dechen. Geognostische Uebersicht der Umgegend von Bertrich. Ebendas. 1846.

(Anonym). Bad Bertrich im Uesbachthale a. d. Mosel. Mit einleitenden Worten von A. v. Humboldt und einer geognostischen Uebersicht von H. v. Dechen. Coblenz 1847.

G. Bischof. Ueber die Glimmerbildung auf nassem Wege (Laacher See).

Amtl. Bericht über d. 25. Vers. deutscher Naturforscher und Aerzte in Aachen. Aachen 1847. S. 245—256.

H. v. Dechen. Ueber von Oeynhausen's Karte des Laacher Sees. Kölnische Zeitung, Nr. 135, 15. Mai 1847, 2. Beilage. Daraus im N. Jahrb. f. Miner. S. 449—452.

J. Noeggerath. Der Laacher See. Vergl. die Entstehung und Ausbildung der Erde. Stuttgart 1847. S. 68—98.

Derselbe. Die unterirdischen Mühlsteinbrüche von Mayen und Niedermendig. Vergl. ebendas. 1847. S. 99—115.

v. Oeynhausen. Erläuterungen zur geogn.-orographischen Karte der Umgebung des Laacher Sees. Berlin 1847.

Ph. Wirtgen. Florula bertricensis (Lage und geognost. Verhältnisse). Verhandl. d. naturhist. Ver. 1848. S. 189—227.

J. Noeggerath. Bomben und Wassergebilde am Laacher See. N. Jahrb. f. Miner. 1849. S. 538.

J. Wegeler. Tuffstein, Trass und hydraulischer Mörtel. Coblenz 1849.

F. Rolle. Weisse Kalksteinfindlinge am Laacher See. N. Jahrb. f. Miner. 1850. S. 602.

Ph. Wirtgen. Der Lavablock im Tauber bei Tönnisstein. Mit Nachschrift von H. v. Dechen. Verhandl. d. naturhistor. Ver. 1850. S. 40—44.

F. Zeiler. Geologische Verhältnisse der Umgegend von Coblenz. Ebendas., 1850. S. 134—154.

H. v. Dechen. Jurakalkstein-Stücke bei Kloster Laach. N. Jahrb. f. Miner. 1851. S. 60.

O. Ewich. Beobachtungen über die Eigenschaften und therapeutischen Wirkungen des Heilbronn. Märzheft der Rhein. Monatsschr. f. prakt. Aerzte. Cöln 1851. S. 121—140 und Separatabdruck.

C. G. Zaddach. Beobachtungen über die magnetische Polarität des Basaltes und der trachytischen Gesteine. Verhandl. des naturhist. Ver. 1851. S. 195—306.

O. Ewich. Der Führer am Laacher See und durch das Brohlthal. Neuwied 1852.

J. Steininger. Geognostische Beschreibung der Eifel. Trier 1853.

K. G. Zimmermann. Nochmalige Erörterung der Frage: Giebt Tacitus einen historischen Beweis von vulkanischen Eruptionen am Niederrhein. N. Jahrb. f. Miner. 1853. S. 537—553.

Ph. Wirtgen. Spiriferensandstein mit Petrefakten bei Bertrich. Ebendas. 1854. S. 38, 39.

Derselbe. Petrefakten des devon. Systems zu Bertrich. Verhandl. d. naturhist. Ver. 1854. S. 372—374.

Derselbe und Zeiler. Vergleichende Uebersicht der Versteinerungen in der rheinischen Grauwacke. Ebendas. 1854. S. 459—481.

O. Ewich. Mineralquellen im Brohlthale. Ebendas. 1855. S. 305—306.

O. Ewich. Zwei Tage im Gebiete der rheinischen Vulkane. Kölnische Zeitung 1855, Nr. 304 u. 305.

J. Noeggerath. Natürliche Mennige aus den Halden der Grube Silbersand bei Mayen. Granat in Gesteinsblöcken vom Laacher See. Verhandl. d. naturh. Ver. 1855. Sitzungsber. S. XII.

Derselbe. Verschiedenfarbiger Granat in Blöcken am Laacher See. N. Jahrb. f. Miner. 1855. S. 570—571.

G. Herbst. Der Laacher See bei Andernach am Rhein. Mit einem Begleitworte von J. Noeggerath. Weimar 1856.

Th. Kjerulf. Vulkanische Bomben aus der Eifel. N. Jahrb. f. Miner. 1856. S. 351.

G. Lewinstein. Ueber die Zusammensetzung des glasigen Feldspaths. Ein Beitrag zur Kenntniss der vulkanischen Gesteine. Berlin 1856.

C. O. Weber. Pflanzenabdrücke im vulkanischen Tuff von Plaidt. Verhandl. des naturh. Ver. 1857. Sitzungsber. S. XI, XII. Daraus im N. Jahrb. f. Miner. 1857. S. 249—250.

Jul. Wegeler. Der Heilbrunnen. Coblenz 1857.

A. v. Humboldt. Kosmos. Stuttgart und Tübingen 1858.

J. Noeggerath. Der rheinische Trass. Westermanns Monatshefte. Bd. IV. Braunschweig 1858. S. 519—524.

Derselbe (anonym). Die Steinbrüche zu Niedermendig und Mayen. Illustrirte Zeitung. Leipzig 1858. S. 60—62. Forts. S. 70.

L. Böhm. Bericht über die Saison zu Bertrich. Berlin 1859.

F. Zirkel. Die trachytischen Gesteine der Eifel. Zeitschr. d. deutschen geol. Gesellschaft. 1859. Bd. 11 S. 507—540.

H. v. Dechen. Das Alter der Lavaströme in der Eifel. Verhandl. d. naturhist. Ver. 1860. Sitzungsber. S. 90—92.

Derselbe. Pflanzenabdrücke in den vulkanischen Tuffen der Eifel. Ebendas. 1860. S. 116, 117.

G. vom Rath. Gesteine von Olbrück und Löwenburg. Ebendas. 1860. S. 86—90. (Ausführlich: Zeitschr. d. deutschen geol. Gesellsch. Bd. XII S. 29). N. Jahrb. f. Miner. 1860. S. 88 u. 90 u. S. 219—221.

Derselbe. Skizzen aus dem vulkanischen Gebiete des Niederrheins. Zeitschr. d. deutschen geol. Gesellsch. 1860. Bd. 12 S. 29—47.

H. v. Dechen. Geognostischer Führer zu der Vulkanreihe der Vordereifel. Bonn 1861.

Derselbe. Lagerung der Tuffe von Plaidt. Verhandl. d. naturhist. Ver. 1861. Sitzungsber. S. 23, 24.

Derselbe. Magneteisen im Trachytconglomerat und im vulkanischen Sande. Ebendas. 1861. S. 81.

Derselbe. Ausbruchsstelle der Lava von Niedermendig. (Kölnische Zeitung.) N. Jahrb. f. Miner. 1861. S. 98.

G. vom Rath. Ueber die Krystallform des Bucklandits vom Laacher See. Verhandl. d. naturhist. Ver. 1861. S. 385—396.

Derselbe. Ueber die Krystallform des Bucklandits (Orthits) vom Laacher See. Ebendas. 1861. Sitzungsber. S. 87.

Derselbe. Titanitkrystalle in den trachytischen Auswürflingen des Laacher Sees und ein neues Vorkommen von vulkanischem Eisenglanz. Ebendas. 1861. S. 111—114.

C. O. Weber. Blattabdrücke im vulkanischen Tuff bei Plaidt. Ebendas. 1861. Sitzungsber. S. 19, 20.

F. Zirkel. Die trachytischen Gesteine der Eifel. N. Jahrb. f. Miner. 1861. S. 360. 361.

H. v. Dechen. Die vulkanische Hügelgruppe von Ochtendung. Verhandl. d. naturhist. Ver. 1862. Sitzungsber. S. 44—47.

Derselbe. Ueber die Lagerung zweier Lavaströme über einander bei Niedermendig. Ebendas. 1862. S. 47—48.

Derselbe. Mejonit und Granaten in Blöcken vom Laacher See, Infusorienerde von Tönnisstein. Ebendas. 1862. S. 72, 73.

Derselbe. Fossile Pferdezähne von Saffig. Ebendas. 1862. S. 73.

Derselbe. Tertiäres Alter einiger vulkanischer Tuffe in der Eifel und im Gebiete des Laacher Sees. Ebendas. 1862. S. 178, 179.

G. vom Rath. Skizzen aus dem vulkanischen Gebiete des Niederrheins. 1. Fortsetz. Zeitschr. der deutschen geolog. Gesellschaft. 1862. Bd. 14 S. 655—675.

Derselbe. Mineralogische Mittheilungen. Titanit vom Laacher See. Poggendorf's Ann. 1862. Bd. 115 (191) S. 466—487.

Derselbe. Gesteine des Perlenkopfs bei Hannebach. Verhandl. d. naturhist. Ver. 1862. Corresp. S. 71, 72.

C. O. Weber. Pflanzenreste im vulkanischen Tuffe der Eifel. Ebendas. 1862. Sitzungsber. S. 177, 178.

Jul. Wegeler. Der Heilbrunnen. In Verbindung mit dem Tönnissteiner Brunnen. 4. Auflage. Coblenz 1862.

C. Andrae. Fossile Pflanzen aus dem Tuffe des Brohlthals. Verhandl. d. naturhist. Ver. 1863. Sitzungsber. S. 190, 191.

H. v. Dechen. Geognostische Beschreibung des Laacher Sees und seiner vulkanischen Umgebung. Ebendas. S. 249—677. Auch als geognostischer Führer zu dem Laacher See etc. als besonderes Werk. Bonn 1863.

Derselbe. Laacher See, Kesselthal von Wehr und Maare in der Eifel. Ebendas. 1863. S. 138.

G. vom Rath. Vom Laacher See. Ebendas. 1863, Sitzungsber. S. 87, 88.

Derselbe. Glimmer- und Augitkrystalle vom Laacher See. Ebendas. 1863. S. 140, 141.

Derselbe. Orthit vom Laacher See. Ebendas. 1863. Corresp. S. 70, 71.

G. vom Rath. Chemische Zusammensetzung des Orthits (Bucklandits) vom Laacher See. Poggendorf's Ann. 1863. Bd. 119 (195) S. 269.

Reiter. Uebersicht der statistischen und geologischen Verhältnisse von Neuwied und Umgebung. Verhandl. d. naturhist. Ver. 1863. Corresp. S. 43—54.

J. Noeggerath. Die Erdbeben in der vulkanischen Gebirgsgruppe am Laacher See. Westermanns Monatshefte 1864. Bd. 15 S. 601—609.

G. vom Rath. Skizzen aus dem vulkanischen Gebiete des Niederrheins. Zeitschr. d. deutschen geol. Gesellsch. 1864. Bd. 16 S. 73—113.

H. Vogelsang. Die Vulkane der Eifel in ihrer Bildungsweise erläutert. Ein Beitrag zur Entwickelungsgeschichte der Vulkane. Preisschr. d. holländ. Gesellsch. d. Wissenschaften zu Haarlem. Haarlem 1864.

E. Mitscherlich. Ueber die vulkanischen Erscheinungen in der Eifel etc. Herausgegeben von Roth. Berlin 1865.

H. v. Dechen. Vergleichende Uebersicht der vulkanischen Erscheinungen im Laacher Seegebiete und in der Eifel. Zeitschr. d. deutschen geol. Gesellsch. 1865. Bd. 17 S. 69—156.

Th. Wolf. Vulkanische Bomben von Schweppenhausen und vom Laacher See. Verhandlungen des naturhist. Ver. 1865. Sitzungsber. S. 65, 66.

H. Laspeyres. Beiträge zur Kenntniss der vulkanischen Gesteine des Niederrheins. Zeitschr. d. deutschen geol. Gesellsch. 1866. Bd. 18 S. 311—363.

Fr. Mohr. Mechanische Analyse des rheinischen Bimssteins. Verhandl. d. naturhist. Ver. 1866. Sitzungsber. S. 64, 65.

G. vom Rath. Mineralogische Mittheilungen. Ueber die vulkanischen Eisenglanzkrystalle vom Eiterkopf bei Plaidt und die auf demselben aufgewachsenen Augitkrystalle. Poggendorf's Ann. 1867. Bd. 128 (204) S. 420—435.

Derselbe. Ueber ein Vorkommen von Augit als Fumarolenbildung. Bericht über die Verhandl. der Akademie der Wissensch. zu Berlin. 1866. S. 281—283.

Derselbe. Augitkrystalle vom Eiterkopf bei Ochtendung durch Sublimation entstanden. Verhandl. d. naturhist. Ver. 1866. Sitzungsber. S. 40.

Derselbe. Neues Leucitvorkommen im rheinischen Vulkangebiete (Selberg bei Quiddelbach.) Ebendas. 1866. Corresp. S. 46.

E. Weiss. Beiträge zur Kenntniss der Feldspathbildung und Anwendung auf die Entstehung von Quarztrachyt und Quarzporphyr. Preisschr. d. holländ. Gesellsch. d. Wissensch. zu Haarlem. Haarlem 1866. Mit 2 Tafeln. (Naturkundige Verhandlungen Bd. 25.) (Siebengebirge, Löwenburg, Laacher See, Kl. Rosenau, Rieden, Olbrück, Wehr, Hohenfels, Rockeskill, Mayen, Niedermendig, Bertrich, Herchenberg, Leilenkopf, Gerolstein, Königsberg bei Wolstein.)

W. Ludwig. Der rheinische Dachschieferbergbau. Zeitschr. für das Berg-, Hütten- und Salinenwesen etc. 1867. S. 128—181.

Th. Wolf. Granat auf Lavaschlacken des Herchenberges. Verhandl. d. naturhist. Ver. 1867. Sitzungsber. S. 31—33.

Derselbe. Die Auswürflinge des Laacher Sees. Erster Theil. Zeitschr. d. deutschen geol. Gesellsch. 1867. Bd. 19 S. 451—492.

J. Noeggerath. Tacitus und die erloschenen rheinischen Vulkane. Das Ausland. Augsburg 1868. Bd. 41 Nr. 32 S. 754—760.

G. vom Rath. Mineralogische Mittheilungen. Laacher Sanidin; Kalkspath eines Melaphyr der Nahe; Olivin von Laach. Poggendorf's Ann. 1868. Bd. 135 (211) S. 561—583.

Derselbe. Ueber rothen Olivin von Laach und Kalkspathkrystalle aus Melaphyrdrusen von Jerott. Verhandl. d. naturh. Ver. 1868. Sitzungsber. S. 11.

Derselbe. Chemische und krystallographische Untersuchung der Laacher Sanidine. Erste Nachricht über Tridymit. Ebendas. 1868. S. 52, 53.

A. Winnecke. Fortdauernder Absatz von Kalksinter im Brohlthale. Ebendas. 1868. S. 13.

Th. Wolf. Die Auswürflinge des Laacher Sees. Schluss. Zeitschr. der deutschen geol. Gesellsch. 1868. Bd. 20 S. 1—78.

F. Zirkel. Ueber die mikroskopische Struktur der Leucite und die Zusammensetzung leucitführender Gesteine. Zeitschr. d. deutschen geol. Gesellsch. 1868. Bd. 20 S. 97—152.

Derselbe. Ueber die Verbreitung mikroskopischer Nepheline. N. Jahrb. f. Miner. 1868. S. 697—721.

L. Dressel. Ueber die Gegend des Laacher Sees. Verhandl. des naturhist. Ver. 1869. Sitzungsber. S. 181—192.

Fr. Mohr. Versteinerte Wellen im Thonschiefer im Brohlthale. Ebendas. 1869. S. 176.

G. vom Rath. Ueber ein neues, Amblystegit genanntes Mineral vom Laacher See. Ebendas. 1869. S. 90.

Derselbe. Ueber den Boulangerit von der Grube Silbersand bei Mayen. Ebendas. 1869. S. 28.

H. Schaaffhausen. Ueber Spuren der ältesten Ansiedelung am östlichen Ufer des Laacher Sees. Ebendas. 1869. S. 117, 118.

F. Zirkel. Ueber die mineralogische Constitution der in der Umgegend des Laacher Sees und der Eifel viel verbreiteten Basaltlaven. Ebendas. 1869. Corresp. S. 117, 118.

H. Schaaffhausen. Ueber eine römische Werkstätte in der Tuffsteingrube von J. Meurin zu Kretz bei Andernach. Ebendas. 1869. Sitzungsber. S. 118, 119.

H. v. Dechen. Ein fossiler Knochen von Mayen. Ebendas. 1870. S. 214.

Derselbe. Erläuterungen zur geologischen Karte der Rheinprovinz und der

Provinz Westphalen, sowie einiger angrenzenden Gegenden. Erster Band. Bonn 1870. Orographische und hydrographische Uebersicht.

L. Dressel. Hauyn in Lavaschlacken des Hochsimmers und in dichter Lava des Lorenzfelsens am Laacher See. N. Jahrb. f. Miner. 1870. S. 213.

Derselbe. Mittheilungen über den Laacher See. Ebendas. 1870. S. 559—584.

Derselbe. Scheidberg. Kalkstein als Auswürfling des Laacher Sees. Ebendas. 1870. S. 585—587.

Fr. Mohr. Die vulkanischen Erscheinungen zu Bertrich. Verhandl. d. naturhist. Ver. 1870. Sitzungsber. S. 120—130.

G. vom Rath. Amblystegit von Laach. Ebendas. 1870. S. 159.

Derselbe. Monazit (Turnerit) vom Laacher See. Ebendas. 1870. S. 189—194.

F. Zirkel. Untersuchungen über die mikroskopische Zusammensetzung der Basaltgesteine. Bonn 1870.

G. vom Rath. Oligoklas in der Lava von Mayen. Verhandl. d. naturhist. Ver. 1871.

J. Noeggerath. Technische Ausdrücke beim linksrheinischen Steinbruchsbetrieb. Zeitschr. f. Bergrecht. 1871. Jahrg. XII S. 360—378.

L. Dressel. Geognostisch-geologische Skizze der Laacher Vulkangegend. Münster 1871.

H. v. Dechen. Die nutzbaren Mineralien und Gebirgsarten im Deutschen Reiche. Berlin 1873.

G. vom Rath. Chalkomorphit. Poggendorf's Ann. 1874. S. 376 ff.

Lehmann. Einschlüsse in Laven (Ettringit). Verhandl. d. naturhist. Ver. 1874. S. 1 u. 22.

Anger. Studien über klastische Gesteine. Tschermack's mineral. Mitth. 1875. Heft 3 S. 172.

Lehmann. Die pyrogenen Quarze in den Laven des Niederrheins. Verhandl. d. naturhist. Ver. 1877. S. 203.

E. Hussak. Die basaltischen Laven der Eifel. Sitzungsber. d. k. k. Akademie etc. Bd. 77. Wien 1878.

H. v. Dechen. Ueber die Verbreitung der Trachyte und Basalte des Siebengebirges, Westerwaldes, der Eifel, des Taunus, Hunsrücken und Habichtswaldes. Verhandl. d. naturhist. Ver. 1881. Sitzungsber. S. 129, 130.

G. Angelbis. Ueber die Bimssteine des Westerwaldes. Jahrb. d. k. geologischen Landesanstalt. Berlin 1881.

Derselbe. Das Alter der Westerwälder Bimssteine. Ebendas. 1882.

Derselbe. Ueber die Entstehung des Neuwieder Beckens. Ebendas. 1882.

Inhaltsverzeichniss.

Universitäts-Buchdruckerei von Carl Georgi in Bonn.

Universitäts-Buchdruckerei von Carl Georgi in Bonn.

www.ingramcontent.com/pod-product-compliance
Lightning Source LLC
LaVergne TN
LVHW060621300926
849162LV00008B/1671
* 9 7 8 3 1 1 2 6 8 5 7 3 0 *